水文水资源现状及可持续发展研究

李思诺　王瑞雪　陈晓伟　著

U0390843

东北林业大学出版社

Northeast Forestry University Press

·哈尔滨·

图书在版编目（CIP）数据

水文水资源现状及可持续发展研究 / 李思诺，王瑞雪，陈晓伟著. -- 哈尔滨 : 东北林业大学出版社，2023.4

ISBN 978-7-5674-3119-5

Ⅰ．①水… Ⅱ．①李… ②王… ③陈… Ⅲ．①水文学－研究②水资源利用－可持续性发展－研究 Ⅳ．①P33 ②TV213.9

中国国家版本馆 CIP 数据核字（2023）第 066420 号

责任编辑：赵晓丹

封面设计：文　亮

出版发行：东北林业大学出版社

　　　　　（哈尔滨市香坊区哈平六道街 6 号　邮编：150040）

印　　装：河北创联印刷有限公司

开　　本：710 mm×1000 mm　　1/16

印　　张：15.5

字　　数：252 千字

版　　次：2023 年 4 月第 1 版

印　　次：2023 年 4 月第 1 次印刷

书　　号：ISBN 978-7-5674-3119-5

定　　价：75.00 元

如发现印装质量问题，请与出版社联系调换。（电话：0451-82113296　82191620）

前　言

　　水资源不仅是人类生存不可替代的宝贵资源，还是经济社会发展不可缺少的物质基础，更是生态环境维持正常状态的基础条件。随着人口的不断增长和经济社会的迅速发展，人们用水量也在不断增加，水资源与经济社会发展、生态环境保护的不协调关系表现得十分突出。粮食安全、工业化、城镇化的水资源安全保障任务越来越艰巨，水资源面临的形势相当严峻。我国水资源人均占有量少，时空分布不均，水资源利用率低，供需矛盾突出，水污染现象严重，水生态系统退化，暴雨洪水和干旱缺水并存，气候变化又加剧了这种态势。因此，为实现水资源的有效保护、持续利用和良性循环，本书从应用型水资源利用与保护工程技术人才的教学需要出发，以水资源为研究对象，详尽地介绍了水资源利用与保护的基本原理和具体方法。

　　本书考虑了我国国情和水资源分布特点，以及未来的建设事业对水资源的需求，注重以水资源利用为核心，从利用目的出发，强调水资源保护的重要性。内容包括水文与水资源绪论、水文统计基本原理与方法、水文水资源的监测基础理论、水资源监测基本内涵、水资源保护、水资源的综合利用、水资源管理、水资源再生利用、水资源评价、水资源承载力以及可持续发展与水资源的可持续利用和发展等十一章。在讲解基本理论、基础知识的前提下，重点介绍近年来出现的新工艺、新技术与新方法，且内容简明易懂，具有实用性，便于读者把握重点。

　　本书在写作过程中参阅了大量的文献和资料，在此，本书作者对这些文献的作者及资料的提供者表示深深的谢意！由于时间仓促，作者专业水平有限，书中缺点和错误在所难免，恳请有关专家及广大读者批评指正。

作　者

2023 年 3 月

目 录

第一章 水文与水资源绪论

第一节 水文与水资源研究的对象和任务

水是人类及一切生物赖以生存的必不可少的重要物质，是工农业生产、经济发展和环境改善不可替代的极为宝贵的自然资源。

水文一词泛指自然界中水的分布、运动和变化规律以及与环境的相互作用。水资源（Water Resource）一词出现较早，随着时代进步其内涵也在不断丰富和发展。水资源的概念既简单又复杂，其复杂的内涵通常表现在：水类型繁多，具有运动性，各种水体具有相互转化的特性；水的用途广泛，各种用途对其量和质均有不同的要求；水资源所包含的"量"和"质"在一定条件下可以改变；更为重要的是，水资源的开发利用受经济技术、社会和环境条件的制约。因此，人们从不同角度的认识和体会，造成对水资源一词理解的差异。目前，关于水资源普遍认可的概念是为人类长期生存、生活和生产活动中所需要的具有数量要求和质量前提的水量，具备使用价值和经济价值。一般认为水资源概念具有广义和狭义之分。广义的水资源是指能够直接或间接使用的各种水和水中物质，对人类活动具有使用价值和经济价值的水均可称为水资源。狭义的水资源是指在一定经济技术条件下，人类可以直接利用的淡水。

研究水文规律的学科称为水文学，它是通过模拟和预报自然界中水量和水质的变化及发展动态，为开发利用水资源、控制洪水和保护水环境等方面的水利建设提供科学依据。而水资源作为一门学科是随着经济发展对水的需求和供给矛盾的不断加剧，以及人们对水资源研究的不断深入而逐渐发展起来的。在这一发展过程中，水文学的内容一直贯穿在水资源学的始终，是水资源学的基础，而水资源学始终是水文学的发展和深化。

20 世纪 60 年代以来，用水问题在全世界已十分突出，加强对水资源开发利用、管理和保护的研究，已经被提到议事日程上来，并且发展很快。联合国本部（UN）、联合国粮农组织（FAO）、世界气象组织（WMO），联合国教育、科学及文化组织（UNESCO）、联合国工业发展组织（UNIDO）等均有对水资源方面的研究项目，并在不断进行国际交流。

1965 年联合国教育、科学及文化组织发起了国际水文发展十年计划（IHD），120 多个国家参加了水资源研究。在该水文机构中，组织了水量平衡、洪涝、干旱、地下水、人类活动对水循环的影响研究，特别是农业灌溉和都市化对水资源的影响等方面的大量研究，取得了显著成绩。1975 年起国际水文计划（IHP）接替 IHD。第一期 IHP 计划突出了与水资源综合利用、水资源保护等有关的生态、经济和社会各方面的研究；第二期 IHP 计划强调了水资源与环境关系的研究；第三期 IHP 计划则研究"为经济和社会发展合理管理水资源的水文学和科学基础"，强调水文学与水资源规划与管理的联系，力求有助于解决世界水资源问题。

联合国地区经济委员会、联合国粮农组织、世界卫生组织（WHO）、联合国环境规划署（UNEP）等都制定了配合水资源评价活动的内容。水资源评价成为一项国际协作的活动。

在阿根廷马尔德普拉塔召开的联合国水事会议上，第一项决议明确指出：没有对水资源的综合评价，就谈不上对水资源的合理规划和管理。要求各国进行一次专门的国家水平的水资源评价活动。联合国教育、科学及文化组织在制定水资源评价计划中提出的工作有：制定计算水量平衡及其要素的方法，评估全球、大洲、国家、地区和流域水资源的参考水平，确定水资源规划和管理的计算方法。

世界气象大会通过了世界气象组织和联合国教育、科学及文化组织的共同协作项目：水文和水资源计划。它的主要目标是保证水资源量和质的评价，对不同部门毛用水量和经济可用水量的前景进行预测。

国际水文科学协会的章程中指出：应把水文学作为地球科学和水资源学的一个方面来看待，主要任务是解决在水资源利用和管理中的水文问题，以及由于人类活动引起的水资源变化问题。

由国际水文科学协会和国际水力学研究会共同召开的"水的未来——水文学和水资源开发展望"讨论会提出，在水资源利用中人类需要了解水的特性和水资源的信息，人类对自然现象的求知欲将是水文学发展的动力。

综上所述，水文与水资源学不但研究水资源的形成、运动，赋存特征以及各种水体的物理化学成分及其演化规律，还研究如何利用工程措施，合理有效地开发、利用水资源并科学地避免和防治各种水环境问题的发生。在这个意义上，水文与水资源学研究的内容和涉及的学科领域较水文学还要广泛。

前已述及，水资源是与人类生活、生产及社会进步密切相关的淡水资源，也可以理解为大陆上由降水补给的地表和地下的动态水量，可分别称为地表水资源和地下水资源。因此，水文与水资源学和人类生活及一切经济活动密切相关，如制定流域或较大地区的经济发展规划及水资源开发利用规划，抑或一个大流域的上、中、下游各河段水资源利用、调度以及工程建设都需要水文与水资源学方向的确切资料。一个违背了水文与水资源规律的流域或地区的规划、工程及灌区管理都将导致难以弥补的巨大损失。

第二节　水文与水资源的基本特征及研究方法

一、水文与水资源的基本特征

（一）时程变化的必然性和偶然性

水文与水资源的基本规律是指水资源（包括大气水、地表水和地下水）在某一时段内的状况，它们的形成都具有其客观原因，都是一定条件下的必然现象。但从人们的认识能力来讲，和许多自然现象一样，由于影响因素复杂，人们对水文与水资源发生多种变化的前因后果的认识并不是十分清楚，故常把这些变化中能够做出解释或预测的部分称之为必然性。例如，河流每年的洪水期和枯水期、年际间的丰水年和枯水年以及地下水位的变化也具有类似的现象。由于这种必然性在时间上具有年的、月的甚至日的变化，故又称之为周期性，相应地分别称之为年周期、月周期或季节性周期等。对那些还不能做出解释或难以预测的部分，称之为水文现象或水资源的偶然性的反映。任一河流不同年份的流量过程不会完全一致，地下水位在不同年份的变化也不尽相同，泉水流量的变化有一定差异。这种反映也可称之为随机性，其规律要从大量的统计资料或长期的观测数据中分析。

（二）地区变化的相似性和特殊性

相似性，主要指气候及地理条件相似的流域，其水文与水资源现象则具有一定的相似性。湿润地区河流径流的年内分布较均匀，干旱地区则差异较大。表现在水资源形成、分布特征也具有这种规律。

特殊性，是指不同下垫面条件产生不同的水文和水资源的变化规律。如河谷阶地和黄土塬区地下水赋存规律不同。

（三）水资源的循环性、有限性及分布的不均一性

水是自然界的重要组成物质，是环境中最活跃的要素。它不停地运动且积极参与自然环境中一系列物理的、化学的和生物的过程。

水资源与其他固体资源的本质区别在于其具有流动性，它是在水循环中形成的一种动态资源，具有循环性。水循环系统是一个庞大的自然水资源系统，水资源在开采利用后，能够得到大气降水的补给，处在不断地开采、补给和消耗、恢复的循环之中，可以不断地供给人类利用和满足生态平衡的需要。

在不断地消耗和补充过程中，在某种意义上水资源具有"取之不尽"的特点，恢复性强。可实际上全球淡水资源的蓄存量是十分有限的。全球的淡水资源仅占全球总水量的2.5%，且淡水资源的大部分都储存在极地冰帽和冰川中，真正能够被人类直接利用的淡水资源仅占全球总水量的0.796%。从水量动态平衡的观点来看，某一期间的水量消耗量接近于该期间的水量补给量，否则将会破坏水平衡，造成一系列环境问题。可见水循环过程是无限的，水资源的蓄存量是有限的，并非用之不尽、取之不竭。

水资源在自然界中具有一定的时间和空间分布。时空分布的不均匀是水资源的又一特性。全球水资源的分布表现为大洋洲的径流模数为 $51.0 \text{ L/(s·km}^2)$，亚洲为 $10.5 \text{ L/(s·km}^2)$，最高的和最低的相差数倍。

我国水资源在区域上分布不均匀。总的说来，东南多，西北少；沿海多，内陆少；山区多，平原少。在同一地区中，不同时间分布差异性很大，一般夏多冬少。

（四）利用的多样性

水资源是被人类在生产和生活活动中广泛利用的资源，不仅被广泛应用于农业、工业和生活，还被用于发电、水运、水产、旅游和环境改造等。在各种不同的用途中，有的是消耗用水，有的则是非消耗性或消耗很小的用水，而且对水质

的要求各不相同。这是使水资源一水多用、充分发展其综合效益的有利条件。

此外，水资源与其他矿产资源相比的另一特性是：水资源具有既可造福于人类，又可危害人类生存的两重性。

水资源质、量适宜，且时空分布均匀，就会为区域经济发展、自然环境的良性循环和人类社会进步做出巨大贡献；水资源开发利用不当，又会制约国民经济发展，破坏人类的生存环境。如水利工程设计不当、管理不善，可造成垮坝事故，也可能引起土壤次生盐碱化。水量过多或过少的季节和地区，往往又产生各种各样的自然灾害。水量过多容易造成洪水泛滥，内涝渍水；水量过少容易形成干旱、盐渍化等自然灾害。适量开采地下水，可为国民经济各部门和居民生活提供水源，满足生产、生活的需求；无节制、不合理地抽取地下水，往往引起水位持续下降、水质恶化、水量减少、地面沉降，不仅影响生产发展，而且严重威胁人类生存。正是由于水资源利害的双重性质，在水资源的开发利用过程中，我们尤其强调合理利用、有序开发，以达到兴利除害的目的。

二、水文与水资源学的研究方法

水文现象的研究方法通常可分为以下三种，即成因分析法、数理统计法和地区综合法等。在这些方法基础上，随着水资源的研究不断深入，要求利用现代化理论和方法识别、模拟水资源系统，规划和管理水资源，保证水资源的合理开发、有效利用，实现优化管理、可持续利用。经过近几十年多学科的共同努力，在水资源利用和管理的理论和方法方面取得了明显进展，主要有以下几方面。

（一）水资源模拟与模型化

随着计算机技术的迅速发展以及信息论和系统工程理论在水资源系统研究中的广泛应用，水资源系统的状态与运行模型模拟已成为重要的研究工具。各类确定性、非确定性、综合性的水资源评价和科学管理数学模型的建立与完善，使水资源的信息系统分析、供水工程优化调度、水资源系统的优化管理与规划成为可能，加强了水资源合理开发利用、优化管理的决策系统的功能和决策效果。

（二）水资源系统分析

水资源动态变化的多样性和随机性、水资源工程的多目标性和多任务性、河川径流和地下水的相互转化、水质和水量相互联系的密切性、以及水需求的可行方案必须适应国民经济和社会的发展，使水资源问题更趋复杂化，它涉及自然、社会、人文、经济等各个方面。因此，在对水资源系统分析过程中更注重系统分析的整体性和系统性。在多年来的水资源规划过程中，研究者应用线性规划、动态规划、系统分析的理论力图寻求目标方程的优化解。总体来说，水资源系统分析正朝着分层次、多目标的方向发展与完善。

（三）水资源信息管理系统

为了适应水资源系统分析与系统管理的需要，目前已初步建立了水资源信息分析与管理系统，主要涉及信息查询系统、数据和图形库系统、水资源状况评价系统、水资源管理与优化调度系统等。水资源信息管理系统的建立和运行，提高了水资源研究的层次和水平，加速了水资源合理开发利用和科学管理的进程。水资源信息管理系统已经成为水资源研究与管理的重要技术支柱。

（四）水环境研究

人类大规模的经济和社会活动对环境和生态的变化产生了极为深远的影响。环境、生态的变异反过来又引起自然界水资源的变化，部分或全部改变了原来水资源的变化规律。人们通过对水资源变化规律的研究，寻找这种变化规律与社会发展和经济建设之间的内在关系，以便有效地利用水资源，使环境质量向着有利于人类当今和长远利益的方向发展。

第三节　世界和中国水资源概况

一、世界水资源概况

从表面上看，地球上的水量是非常丰富的。地球 71% 的面积被水覆盖，其中 97.5% 是海水。如果不算两极的冰层、地下冰等，人们可以得到的淡水只有地球上水的很小一部分。此外，有限的水资源也很难再分配，巴西、俄罗斯、中国、加拿大、印度尼西亚、美国、印度、哥伦比亚和刚果民主共和国等 9 个国家已经占据了这些水资源的 6%。从未来的发展趋势看，由于社会对水的需求不断增加，而自然界所能提供的可利用的水资源又有一定限度，突出的供需矛盾使水资源已成为国民经济发展的重要制约因素，主要表现在如下两方面。

（一）水量短缺严重，供需矛盾尖锐

随着社会需水量的大幅度增加，水资源供需矛盾日益突出，水量短缺现象非常严重。联合国在对世界范围内的水资源状况进行分析研究后发出警报："世界缺水将严重制约世界经济发展，可能导致国家间冲突。"同时指出，全球已有 1/4 的人口面临着一场为得到足够的饮用水、灌溉用水和工业用水而展开的争斗。预测"到 2025 年，全世界将有 2/3 的人口面临严重缺水的局面"。

统计结果表明，1900~1975 年，世界人口大约增长了一倍，年用水量则由约 400 km³ 增加到 3 000 km³ 左右，增长了约 7.5 倍。其中农业用水约增加了 5 倍（从每年的 350 km³ 增加到 2 100 km³）。城市生活用水约增长 12 倍（从每年的 20 km³ 增加到 250 km³），工业用水约增加了 20 倍（从每年的 30 km³ 增加到 630 km³）。特别是从 20 世纪 60 年代开始，由于城市人口的增长、耗水量大的新兴工业的建立，全世界用水量增长了约 1 倍。近年来，在一些工业较发达、人口较集中的国家和地区明显表现出水资源不足。

目前，全球地下水资源年开采量已达到 550 km³，其中美国、印度、中国、巴基斯坦、伊朗、墨西哥、日本、土耳其的开采总量占全球地下水开采量的 85%。亚洲地区，在过去的 40 年里人均水资源拥有量下降了 40%~60%。

（二）水源污染严重，"水质型缺水"突出

随着经济、技术和城市化的发展，排放到环境中的污水量日益增多。据统计，目前全世界每年约有 420 km³ 污水排入江河湖海，污染了 5 500 km³ 的淡水，约占全球径流总量的 14% 以上。由于人口的增加和工业的发展，排出的污水量将日益增加。估计今后 25~30 年内，全世界污水量将增加 14 倍。特别是第三世界国家，污、废水基本不经处理即排入地表水体，由此造成全世界的水质日趋恶化。据卫生学家估计，目前世界上有 1/4 人口患病是由水污染引起的。发展中国家每年有 2 500 万人死于饮用不洁净的水，占所有发展中国家死亡人数的 1/3。

水源污染造成的"水质型缺水"，加剧水资源短缺的矛盾和居民生活用水的紧张和不安全性。1995 年，在曼谷召开的"水与发展"大会上专家们指出，"世

界上近 10 亿人口没有足够的安全水源"。

由于欧洲约有 70% 的人口居住在城市，而城市中大量的废物被倾入大江大河，因此，通过供水管道流到居民家中的水的质量每况愈下。东欧的形势非常严峻，大多数的自来水已被认为不宜饮用。由于工业废物的倾入，河流受污染严重，水环境的污染已严重制约国民经济的发展和人类的生存。

二、我国水资源概况

（一）我国水资源基本国情

我国地域辽阔，由于处于季风气候区域，受热带、太平洋低纬度上空温暖而潮湿气团的影响以及西南的印度洋和东北的鄂霍次克海的水蒸气的影响，东南地区、西南地区以及东北地区可获得充足的降水量，使我国成为世界上水资源相对比较丰富的国家之一。

据统计，我国多年平均降水量约 6 190 km³，折合降水深度为 648 mm，与全球陆地降水深 800 mm 相比，约低 20%。全国河川年平均总径流量约 2 700 km³，仅次于巴西、加拿大、美国、印度尼西亚。我国人均占有河川年径流 2 327 m³，仅相当于世界人均占有量的 1/4、美国人均占有量的 1/6。世界人均占有年径流量最高的国家是加拿大，人均占有年径流量高达 14.93 万 m³/ 人，约为我国人均占有年径流量的 64 倍。

我国在每公顷平均所占有径流量方面不及巴西、加拿大、印度尼西亚和日本。上述结果表明，仅从表面上看，我国河川总径流量相对还较丰富，属于丰水国，但我国人口和耕地面积基数大，人均和每公顷平均径流量相对要小得多，居世界 80 位之后。另外，我国地下水资源量估计约为 800 km³，由于地表水和地下水的相互转化，扣除重复部分，我国水资源总量约为 2 800 km³。按人均与每公顷平均水资源量进行比较，我国仍是淡水资源贫乏的国家之一。这是我国水资源的基本国情。

（二）我国水资源特征

1. 水资源空间分布特点

（1）降水、河流分布的不均匀性

我国水资源空间分布的特征主要表现为：降水和河川径流的地区分布不均，

水土资源组合很不平衡。一个地区水资源的丰富程度主要取决于降水量的多寡。根据降水量空间的丰度和径流深度将全国地域分为 5 个不同水量级的径流地带，如表 1-1 所示。径流地带的分布受降水、地形、植被、土壤和地质等多种因素的影响，其中降水影响是主要的。由此可见，我国东南部属丰水带和多水带，西北部属少水带和缺水带，中间部分及东北地区则属于过渡带。

我国又是多河流分布的国家，流域面积在 100km² 以上的河流有 5 万多条，流域面积在 1 000 km² 以上的有 1 500 条。在数万条河流中，年径流量大于 7.0 km³ 的大河流有 26 条。我国河流的主要径流量分布在东南和中南地区，与降水量的分布具有高度一致性，表明了河流径流量与降水量之间的密切关系。

表 1-1 我国径流带、径流深区域分布

径流带	年降水量 /mm	径流深 /mm	地区
丰水带	1 600	> 900	福建省、广东省的大部分地区、江苏省和湖南省的山地、广西壮族自治区南部、云南省西南部、西藏自治区的东南部
多水带	800~1 600	200~900	广西壮族自治区、四川省、贵州省、云南省、秦岭 - 淮河以南的长江中游地区
过渡带	400~800	50~200	黄河、淮河平原、山西省和陕西省的大部、四川省西北部和西藏自治区东部
少水带	200~400	1 450	东北西部、内蒙古自治区、宁夏回族自治区、甘肃省、新疆维吾尔自治区北部和西部、西藏自治区西部
缺水带	< 200	< 10	内蒙古自治区西部地区和准格尔、塔里木、柴达木三大盆地以及甘肃省北部的沙漠区

（2）地下水天然资源分布的不均匀性

作为水资源的重要组成部分，地下水天然资源的分布受地形及其主要补给来源降水量的制约。我国是一个地域辽阔、地形复杂、多山分布的国家，山区（包括山地、高原和丘陵）约占全国面积的 69%，平原和盆地约占 31%。地形特点是西高东低，定向山脉纵横交织。北方分布的大型平原和盆地成为地下水储存的良好场所。东西向排列的昆仑山 - 秦岭山脉，成为我国南北方的分界线，对地下水天然资源量的区域分布产生了重大的影响。

另外，年降水量由东南向西北递减所造成的东部地区湿润多雨、西北部地区干旱少雨的降水分布特征，对地下水资源的分布起到重要的控制作用。

地形、降水上分布的差异性，使我国不仅地表水资源表现为南多北少的局面，而且地下水资源仍具有南方丰富、北方贫乏的空间分布特征。

由上述可见，占全国总面积的 60% 的北方地区，水资源总量只占全国水资源总量的 21%（约为 579 km³/ 年），不足南方的 1/3。北方地区地下水天然资源量约 260 km³/ 年，约占全国地下水天然资源量的 30%，不足南方的 1/2。而北方地下水开采资源量约 140 km³/ 年，占全国地下水开采资源量的 49%，宜井区开采资源量约 130 km³/ 年，占全国宜井开采资源量的 61%。特别是占全国约 1/3 面积的西北地区，水资源量仅有 220 km³/ 年，只占全国的 8%，地下水天然资源量和开采资源量分别为 110 km³/ 年和 30 km³/ 年，均占全国地下水天然资源量和开采量的 13%。而东南及中南地区，面积仅占全国的 13%，但水资源量占全国的 38%，地下水天然资源量分别为 260 km³/ 年和 80 km³/ 年，均约占全国地下水天然资源量和开采资源量的 30%。可见南、北地区地下水天然资源量的差异是十分明显的。

上述是地下水资源在数量上的空间分布状态。就储存空间而言，地下水与地表水存在着较大差异。

地下水埋藏在地面以下的介质中，因此，按照含水介质类型，我国地下水可分为孔隙水、岩溶水及裂隙水三大类型。

由于沉积环境和地质条件的不同，各地不同类型的地下水所占的份额变化较大。孔隙水资源量主要分布在北方，占全国孔隙水天然资源量的 65%。尤其在华北地区，孔隙水天然资源量占全国孔隙水天然资源量的 24% 以上，占该地区地下水天然资源量的 50% 以上。而南方的孔隙水仅占全国孔隙水天然资源量的 35%，不足该地区地下水天然资源量的 1/8。

我国碳酸盐岩出露面积约 125 万 km²，约占全国总面积的 13%。加上隐伏碳酸盐岩，总的分布面积可达 200 万 km²。碳酸盐岩主要分布在我国南方地区，北方的太行山区、晋西北、鲁中及辽宁省等地区也有分布，其面积占全国岩溶分布面积的 1/8。

我国碳酸盐类岩溶水资源主要分布在南方，南方碳酸盐类岩溶水天然资源量约占全国碳酸盐类岩溶水天然资源量的 89%，特别是西南地区，碳酸盐类岩溶水天然资源量约占全国碳酸盐类岩溶水天然资源量的 63%。北方碳酸盐类岩溶水天然资源量占全国碳酸盐类岩溶水天然资源量的 11%。

我国山区面积约占全国碳酸盐类面积的 2/3，在山区，广泛分布着碎屑岩、岩浆岩和变质岩类裂隙水。基岩裂隙水中以碎屑岩和玄武岩中的地下水相对较丰富，富水地段的地下水对解决人畜用水具有重要意义。我国基岩裂隙水主要分布在南方，其基岩裂隙水天然资源量约占全国基岩裂隙水天然资源量的 73%。

我国地下水资源量的分布特点是南方高于北方，地下水资源的丰富程度由东南向西北逐渐减少。另外，由于我国各地区之间社会经济发达程度不一，各地人口密集程度、耕地发展情况均不相同，使不同地区人均、单位耕地面积所占有的地下水资源量具有较大的差别。

我国社会经济发展的特点主要表现为：东南、中南及华北地区人口密集，占全国总人口的 65%；耕地多，占全国耕地总数的 56% 以上；特别是东南及中南地区，面积仅为全国的 13.4%，却集中了全国 39.1% 的人口，拥有全国 25.5% 的耕地，为我国最发达的经济区。而西南和东北地区的经济发达程度次于东南、中南及华北地区。西北经济发达程度相对较低，约占全国面积 1/3 的广大西北地区人口稀少，其人口、耕地分别只占全国的 6.9% 和 12%。

我国地下水天然资源及人口、耕地的分布，决定了全国各地区人均和每公顷耕地平均地下水天然资源量的分配。地下水天然资源占有量分布的总体特点：华北、东北地区占有量最小，人均地下水天然资源量分别为 $351\,m^3$ 和 $545\,m^3$，平均每公顷地下水自然资源量分别为 $3\,420\,m^3$ 和 $3\,285\,m^3$；东南及中南地区地下水总占有量仅高于华北、东北地区，人均占有地下水天然资源量为全国平均水平的 73%；地下水天然资源占有量最高的是西南和西北地区，西南地区的人均占有地下水天然资源量约为全国平均水平的 2 倍，平均每公顷地下水天然资源量为全国平均水平的 2.7 倍。

2. 水资源时间分布特征

我国的水资源不仅在地域上分布很不均匀，而且在时间分配上也很不均匀，无论年际或年内分配都是如此。造成时间分布不均匀的主要是受我国区域气候的影响。

我国大部分地区受季风影响明显，降水年内分配不均匀，年际变化大，枯水年和丰水年连续发生。许多河流发生过 3~8 年的连丰、连枯期，如黄河在

1922~1932 年连续 11 年枯水，1943~1951 年连续 9 年丰水。

我国最大年降水量与最小年降水量之间相差悬殊。南部地区最大年降水量一般是最小年降水量的 2~4 倍，北部地区则达 3~6 倍。如北京的降水量 1959 年为 1 405 mm，而 1921 年仅 256 mm，相差 5.5 倍。

降水量的年内分配也很不均匀，由于季风气候，我国长江以南地区由南往北雨季为 3~6 月至 4~7 月，降水量占全年的 50%~60%。长江以北地区雨季为 3 月，降水量占全年的 70%~80%。北京市 6~9 月的降水量占全年总降水量的 80%，而欧洲国家全年的降水量变化不大。这进一步反映出和欧洲国家相比，我国降水量年内分配的极不均匀性以及水资源合理开发利用的难度，充分说明我国地表水和地下水资源统一管理、联合调度的重要性和迫切性。

正是由于水资源在地域上和时间上分配不均匀，造成有些地方或某一时间内水资源富余，而另一些地方或时间内水资源贫乏。因此，在水资源开发利用、管理与规划中，水资源时空的再分配将成为克服我国水资源分布不均和灾害频繁状况、实现水资源最大限度有效利用的关键内容之一。

第四节　水资源开发利用

水资源利用评价是水资源评价中的重要组成部分，是水资源综合利用和保护规划前期的基础性工作。其目的是增强流域或区域水资源规划的全局观念和宏观指导思想。

一、水资源各种功能的调查分析

在水资源基础评价中已包括了对评价范围内水资源的各种功能潜势的分析，在此基础上如何提出各种功能的开发程序，则是水资源规划中应考虑的问题。但在这之前，应当结合不同地区、不同河段的特点，并结合有影响范围内的社会、经济情况，对水资源各种功能要求解决的迫切程度进行调查评价，并在此基础上提出开发的轮廓性意见。水资源规划中应考虑：分析评价范围内水资源各种功能潜势（供水、发电、航运、防洪、养殖等），以及各种功能开发顺序，结合不同地区不同河段的特点，考虑影响范围内的经济、社会、环境情况，对水资源各功能要求解决的迫切程度进行调查评价。

二、水资源开发程度调查分析

水资源开发程度的调查分析是指对评价区域内已有的各类水工程及措施情况进行调查了解，包括各种类型及功能的水库、塘坝、引水渠首及渠系、水泵站、水厂、水井等，包括其数量和分布。各种功能的开发程度常指其现有的供出能力与其可能提供能力的比值。如供水的开发程度是指当地通过各种取水引水措施可能提供的水量和当地天然水资源总量的比值。水力发电的开发程度是指区域内已建的各种类型水电站的总装机容量和年发电量，与这个区域内的可能开发的水电装机容量和可能的水电年发电量之比等。通过调查了解工程布局的合理性及增建工程的必要性。

三、可利用水量分析

可利用水量是指在经济合理、技术可行和生态环境允许的前提下，通过各种工程措施可能控制利用的不重复的一次性最大水量。水资源可利用量为水资源合理开发的最大的可利用程度。

由于河川径流的年际变化和年内季节变化，加之可利用水量小于河道天然水资源量（河川径流量），在天然情况下有保证的河川可利用水量是很有限的。为了增加河川的可利用水量，人们采用了各种类型的拦水、阻水、滞水、蓄水工程等措施，并且随着人类掌握的技术知识和技术能力的不断提高，可利用水量占天然水资源量的比例也在不断提高。

各河流水文规律不同，其可利用水量的比例也是不同的。洪水水量占全年河川径流流量的比例大的，其合理可利用水量占天然水资源量的比例也要小些。在我国，南方的河流如长江、珠江等大河由于水量丰沛，相对来讲，年际变化和年内变化都比北方河流小，而且在当前社会经济发展阶段，引用水量相对于河川径流量来说所占比例不是太大，其可利用水量还有相当大的潜力。

按照国际惯例，为保护工程下游生态，可利用水量与河川径流量的比例不应超过40%。在进行可利用水量估计时，应当以各河的水文情况为前提，结合河流特点和当前社会经济能力及技术水平来考量，不能一概而论。

第二章 水文统计基本原理与方法

第一节 概 述

水文现象主要是由降水引起的，而降水本身是一个随机的、不确定的过程，因此许多水文过程受随机性的支配。同时，水文现象涉及范围大、空间变化大，很难对每一点的相关变量进行观测和预测。此外，许多水文极值也是不可预测的，只能通过对历史观测资料的汇总、分析、评价去估计它们可能的大小与范围。从这个意义上来说，水文学是一种观测科学。目前的水文分析计算，就是根据已经观测到的水文资料，利用数理统计的方法寻找水文现象的统计规律性，以对未来可能发生的水文情势进行预估。

一、随机事件

在客观世界中，会不断地出现和发生一些事物和现象，这些事物和现象可以统称为事件。事件的发生有一定的条件。就因果关系来看，有一类事件是在一定的条件下必然发生的（如水到 0 ℃以下会结冰、一年有四个季节等），这种在一定的条件下必然发生的事件称为必然事件。

还有一类事件在一定的条件下是必然不发生的（如石头不能孵化成小鸡、太阳不会从西边出来）。这种在一定的条件下必然不发生的事件称为不可能事件。必然事件或不可能事件虽然不同，但又具有共性，即在因果关系上都具有确定性。

除了必然事件和不可能事件以外，在客观世界中还有另外一类事件，这类事件发生的条件和事件的发生与否之间没有确定的因果关系，这种事件称为随机事件。

在长期的实践中人们发现，虽然对随机事件做少数几次观察，随机事件的发生与否没有什么规律，但如果进行大量的观察或试验，则可以发现随机事件具有一定的规律性。比如，一枚硬币投掷一次或几次的时候看不出什么规律，但是在同样的条件下反复多次进行试验，把硬币投掷成千上万次，就会发现硬币落地时正面朝上和反面朝上的次数大致是相等的。再如，一条河流的某一个断面的年径流量在各个年份是不相同的，但进行长期观测，如观测 30 年、50 年、80 年，就会发现年径流量的多年平均值是一个稳定数值。

随机事件所具有的这种规律称为统计规律。具有统计规律的随机事件的范围是很广泛的。随机事件可以是具有属性性质的，比如投掷硬币落地的时候哪一面朝上，出生的婴儿是男孩还是女孩，天气是晴、是阴，有没有雨、雪，城市里交通事故的发生，等等。随机事件也可以是具有数量性质的，比如射手打靶的环数、建筑结构试件破坏的强度、某条河流发生洪水的洪峰流量，等等。

二、总体和样本

客观世界中存在着许多具有随机性的事物。在数理统计中，把所研究对象的全体称为总体，把总体中的每一个基本单位称为个体。如一条河流，当研究年径流量的时候，河流有史以来的各年份年径流量的全体就是总体，各个年份的年径流量就是个体。如果所研究的随机事物对应着实数，则总体就是一个随机变量（可以记为 X），而个体就是随机变量的一个取值（可以记为 x_i）。

一般情况下，总体是未知的。因为不能对总体进行普查研究，总体实际上是无法得到的。比如，我们无法掌握一条河流在其形成以来漫长时期内所有年份的年径流量。我们也不能对工地上所有的钢筋都进行破坏性试验检验钢筋的强度。为了了解和掌握总体的统计规律，通常是从总体中抽取一部分个体，对这部分个体进行观察和研究，并且由这部分个体对总体进行推断，从而掌握总体的性质和规律。这种方法称为抽样法。从总体中抽取的部分个体称为样本。

当总体是随机变量的时候，所抽取的每一个样本是一组数字。比如随机变量 X 的一个样本 X_j 就由数字 x_1，x_2，x_i，$\cdots$，x_n 组成。样本里面包含个体的个数 n，称为样本容量。

当抽取样本时随意抽取，不带有任何主观成分时，所得到的样本称为随机样本。水文变量总体是无限的，现有的水文观测资料可以认为是水文变量总体的随机样本。样本只是总体的一部分，由样本来推断总体的统计规律显然会有误差。这种由样本推断总体统计规律而产生的误差称为抽样误差。一般来说，当样本容量增大的时候，样本的抽样误差会减小。因此，应当尽可能地增大样本容量。

第二节　概率与频率的基本概念

一、概率论与统计学

在数学中有两个分支，即概率论和数理统计。研究随机事件统计规律的学科称为概率论。由随机现象一部分实测资料研究和推求随机事件全体规律的学科称为数理统计。进行重复的独立实验，如抛硬币，即使这些事件本身是不可预测的，一些特殊事件的相对频率、统计规律基本上是在几乎相同的条件下由重复实验得到的。然而，水文学中出现的许多资料是通过观测得来的，而不是由实验所得，对于这些资料，不能通过重复实验来证明。由于水文工作者不可能对大洪水或枯水做重复实验，因此，水文学对统计学和概率论的应用，在多数情况下，其合理性依赖于这样一种认识，即统计方法是为未来的观测值提供期望值和变化性的。

统计学是根据从总体中抽取的样本的性质对总体性质进行推测的方法。然而，统计学优于简单地描述总体，它能提供关于总体情况一些不确定的量度。在收集更多的资料以减少不确定度时，统计学能够定量地给出有关信息值。了解不确定度的大小，实质上是用来辨别收集更多资料是否值得的问题。

二、概率与频率

概率是表示统计规律的方式。用概率可以表示和度量在一定条件下随机事件出现或发生的可能性。针对不同的情况，概率有不同的定义。

按照数理统计的观点，事物和现象都可以看作是试验的结果。

如果实验只有有限个不同的试验结果，并且它们发生的机会都是相同的，又是相互排斥的，则事件概率的计算公式为

$$P(A) = \frac{m}{n}$$

式中：$P(A)$——随机事件 A 的概率；

　　　n——进行试验可能发生结果的总数；

　　　m——进行试验中可能发生事件 A 的结果数。

例如，掷骰子（俗称"掷色子"）的情况就符合以上公式的条件。因掷骰子可能发生的结果是有限的（1 到 6 点），试验可能发生结果的总数是 6，掷骰子掷成 1 点到 6 点的可能性都是相同的，又是相互排斥的（一次掷一个骰子不可能同时出现两个点）。

在客观世界里中，随机事件并不都是等可能性的。如射手打靶打中的环数是随机事件，但打中 0 环到 10 环各环的可能性并不相同，优秀的射手打中 9 环、10 环的可能性大，而新手打中 1 环、2 环的可能性就较大。一条河流出现大洪水的可能性和一般洪水的可能性显然也是不同的。

为了表示不是等可能性情况的统计规律，概率论中对概率给出了更一般的定义。在同样条件下进行实验，将事件 A 出现的次数 μ 称为频数，将频数 μ 与试验次数 n 的比值称为频率，记为 $W(A)$，则

$$W(A) = \frac{\mu}{n}$$

大量的实践证明，当试验的次数充分大时，随机事件的频率会趋于稳定。

概率的统计定义如下：在一组不变的条件下，重复作 n 次试验，记 μ 是事件 A 发生的次数，当试验次数很大时，如果频率稳定地在某一数值的附近摆动，而且一般来说，随着试验次数的增多，这种摆动的幅度愈变愈小，则称 A 为随机事件，并称数值 P 为随机事件 A 的概率，记作

$$\lim_{n \to \alpha} W(A) = P(A)$$

简单地说，频率具有稳定性的事件叫作随机事件，频率的稳定值叫作随机事件的概率。

概率的统计定义既适用于事件出现机会相等的情况，又适用于事件出现机会不相等的一般情况。

必然事件和不可能事件发生的可能性也可以用概率表示。必然事件的概率等于 1.0（表示事件必然发生）；不可能事件的概率等于 0（表示事件发生的可能性是 0，必然不发生）；一般随机事件的概率介于 0~1.0 之间。

对于概率的统计定义我们还需注意，进行统计试验的条件必须是不变的。如果条件发生了变化，即使试验的次数再多，也不能求得随机事件真正的概率。如要确定某一个射手打靶射中不同环数的概率，必须让射手在同样的条件下进行射击，如射击的射程、靶型、武器、风力等都不应改变。类似地，当进行水文统计时，水文现象的各种有关因素也应当是不变的。如果流域的自然地理条件已经发生了比较大的变化，但依旧把不同条件下的水文资料放在一起进行统计就不合理了。发生这种情况的时候，应当把实测水文资料进行必要的还原和修正以后，再进行统计计算。

第三节 随机变量及其概率分布

一、随机变量

要进行水资源管理工作，以及对水资源进行配置、节约和保护，就必须了解和掌握水资源的规律，预测未来水资源的情势。但因影响水资源的因素众多而复杂，目前还难以通过成因分析对水资源进行准确的长期预报。实际工作中采用的基本方法是对于水文实测资料进行分析、计算，研究和掌握水文现象的统计规律，然后按照统计规律对未来的水资源情势进行估计。而这样做，需要对随机事件定量化地表示，为此引入随机变量。

进行随机试验，每次结果可用一个数值 x 来表示，每次试验出现的数值是不确定的，但是，出现某一数值 x_i 常具有相应的概率，表明这种变量 x 带有随机性，故称为随机变量或随机变数。按照概率论理论，随机变量是表示试验结果的数量。如在工地上检验一批钢筋，可以随机抽取其中几组试件进行检验，每一组试件检验不合格的根数就是随机变量；又如某条河流，其历年的最大洪峰流量、最高水位、洪水持续时间等都可看作随机变量。水文现象中的水文特征值常是随机变量，如某地年降水量，某站年最高水位、最大洪峰流量等。由随机变量所组成的系列，如 x_1, x_2,…, x_n 称为随机变量系列，可用大写字母 X 表示。系列的范围可以是有限的，也可以是无限的。

随机变量的数学定义：在一组不变的条件下，试验的每一个可能结果都唯一对应到一个实数值，则称实数变量为随机变量（"唯一对应"又称"一一对应"，是指每一个试验结果，就只对应一个数据，而每一个数据，又只对应一个试验结果）。

随机变量常用大写字母来表示，如随机变量 X（注意这里大写的 X 是变量，X 的取值可以是 x_1，$x_2,\cdots$，x_n，即 X 表示随机取值的系列变量 x_1，$x_2,\cdots$，x_n）。

随机变量可以分为离散型和连续型两种。

（一）离散型随机变量

如果随机变量是可数的，即随机变量的取值是和自然数一一对应的，就称为离散型随机变量。离散型随机变量不能在两个相邻随机变量取值之间取值，即相邻两个随机变量之间，不存在中间值。离散型随机变量可以是有限的，也可以是无限的，但必须是可数的。如某站年降雨量的总日数，出现的天数只有1~365（366）种可能，不能取其任何中间值。

（二）连续型随机变量

如果随机变量的取值是不可数的，也就是说在有限区间里面，随机变量可以取任何值，则称为连续型随机变量。比如，某一个长途汽车站，每隔30min有一班车发往某地，对于一位不知道长途汽车时刻表的旅客而言，来车站等车到出发的时间是一个随机变量，这个随机变量取值可以是0~30min区间的任意值；又如某河流上任一断面的年平均流量，可以在某一流量与极限流量之间变化，无论取其任何实数值，它们都是连续型随机变量。连续型随机变量是普遍存在的。水文变量，如降雨量，降雨时间，蒸发量，河流的流量、水量、水位等，都是连续型随机变量。对于随机变量，仅仅知道它的可能取值是不够的，更为重要的是了解各种取值出现的可能性有多大，也就是明确随机变量各种取值的概率，掌握它的统计规律。

二、随机变量的概率分布

随机变量取得某一可能值是有一定的概率的。这种随机变量与其概率一一对应的关系，称为随机变量的概率分布规律，简称概率分布。它反映了随机现象的变化规律。

对于离散型随机变量，可以用列举的方式表示它的概率分布。离散型随机变量 X 只可能取有限个或一连串的值。设 X 的一切可能值为 x_1，x_2，$\cdots$，x_n，且对应的概率为 p_1，$p_2\cdots$，p_n，即

$$P(X=x_1)=p_1, P(X=x_2)=p_2, \cdots, P(X=x_n)=p_n$$

或将 X 可能取值及其相应的概率列成表，称为随机变量 X 的概率分布表。

对于连续型随机变量，因为它是不可数的，不能一一列举，所以也就不能用列举的方法表示概率分布。比如前面提到的乘客在长途汽车站等车的例子，等车时间可以是 $0\sim30\,\mathrm{min}$ 区间里的任何时间，故无法列举所有的随机变量及其相应概率。实际上，等车时间在 $0\sim30\,\mathrm{min}$ 的任何时间的可能性是相等的，对于这个区间的任意时间，其概率等于无穷大分之一，即近似等于零。从这个例子可以看出，列举连续型随机变量各个值的概率不仅做不到，而且实际上是没有意义的。为此，我们转而研究和分析连续性随机变量在某一个区间取值的概率。在工程水文里面，就是研究某一水文变量大于或等于某一数值的概率。

对于一个随机变量，大于或等于不同数值的概率是不同的。当随机变量取为不同数值时，随机变量大于等于此值的概率也随之而变，即概率是随机变量取值的函数。这一函数称之为随机变量的概率分布函数。对于连续性随机变量，还有另一种表示概率分布的形式——概率密度函数。分布函数和概率密度函数的公式为

$$F(x)=P(X\geqslant x)=\int f(x)\mathrm{d}x$$

式中：X——随机变量；

x——随机变量 X 的取值；

$P(X\geqslant x)$——随机变量 X 取值大于或等于 x 的概率；

$F(x)$——随机变量 X 的分布函数；

$\int f(x)$——随机变量 X 的概率密度函数。

按照概率论的定义，概率密度函数是分布函数的导数。概率密度函数在某一个区间的积分值，表示随机变量在这个区间取值的概率。

在工程水文中，频率是水文变量取值大于或等于某一数值的概率。因此，水文变量的频率就是概率密度函数从变量取值到正无穷大区间的积分值。

随机变量的分布函数可用曲线的形式表示。在工程水文里面，又习惯于将水文变量取值大于或等于某一数值的概率称为该变量的频率，同时将表示水文变量分布函数的曲线称为频率曲线。

随机变量的取值总是伴随着相应的概率，而概率的大小随着随机变量的取值变化而变化。这种随机变量与其概率一一对应的关系，被称为随机变量的概率分布规律。

$$f(x) = -F'(x) = -\frac{\mathrm{d}F(x)}{\mathrm{d}(x)}$$

式中，$F(x)$ 是随机变量 X 的分布函数值，也就是水文变量 X 取值为 x 时的频率，而 $f(x)$ 是概率密度函数。如前所述，水文变量的分布函数可以用频率曲线表示。类似地，概率密度函数也可以用概率密度函数曲线表示。因分布函数和概率密度函数之间存在着对应关系，频率曲线和概率密度函数曲线之间也存在着对应关系。

三、重现期

重现期表示在长时间内随机事件发生的平均周期。即在很长的一段时间内，随机事件平均多少年发生一次。"多少年一遇"或者"重现期"，都是工程和生产上用来表示随机变量统计规律的概念。

第一，重现期和概率一样，都表明随机事件或随机变量的统计规律。说某一条河流发生了"百年一遇洪水"，是指从很长一个时期来看，大于或等于这次洪水的情况，平均 100 年可能出现一次。

重现期是对于类似于洪水这样的随机事件发生的可能性的一种定量描述。不能理解为百年一遇的洪水每隔 100 年一定出现一次。实际上，百年一遇洪水可能间隔 100 年以上时间发生，也可能连续两年接连发生。

第二，水文随机变量是连续型随机变量，水文变量的频率是水文变量大于或等于某个数值的概率。对应于频率，水文变量的重现期是指水文变量在某一个范围内取值的周期。如某条河流百年一遇的洪水洪峰流量是 1 000 m³/s，是指这条河流洪峰流量大于或等于 1 000 m³/s 的洪水重现期是 100 年，而不是指洪峰流量恰恰等于 1 000 m³/s 的洪水重现期是 100 年。

第三，水利工程中所说的重现期，是指对工程不利情况的重现期。对于洪水、多水的情况，水越大对工程越不利。此时，重现期是指水文随机变量大于或等于某一数值这一随机事件发生的平均周期。如用大写的 T 表示重现期，用大写的 P 表示频率，按照频率和周期互为倒数的关系，可知洪水、多水时，重现期计算公式为

$$T = \frac{1}{P}$$

因洪水、多水时，频率 P 小于或等于 50%，此公式的适用条件又可写为 $P \leqslant 50\%$。

对于枯水、少水的情况，水越少对工程越不利，此时重现期是指水文随机变量小于或等于某一数值的平均周期。按照概率论理论，随机变量"小于或等于某一数值"是"大于或等于某一数值"的对立事件，"小于或等于某一数值"的概率等于 1-P，故此时重现期的计算公式为

$$T = \frac{1}{1-P}(P \geqslant 50\%)$$

因枯水、少水时，频率大于或等于 50%，公式的适用条件又可以写为 $P \geqslant 50\%$。

第四节　统计参数

在实际工作中，求出概率分布函数或者概率密度函数往往比较困难，有时甚至求不出来。但是，有一些数字具有特征意义，可以简明地表示随机变量的统计规律和特性。在概率论中，把这些数字称为随机变量的数字特征。在工程水文中，习惯于把这些数字称为统计参数。在频率分析计算中常用的特征参数有三个，分别是均值、变差系数和偏态系数。

一、均值

均值反映随机变量系列平均情况，根据随机变量在系列中的出现情况，计算均值的方法有两种。

（一）加权平均法

设有一实测系列由 x_1，x_2，$\cdots$，x_n 组成，各个随机变量出现的次数（频数）分别为 f_1，f_2，$\cdots$，f_n，则系列的平均值为

$$\bar{x} = \frac{x_1 f_1 + x_2 f_2 + \cdots + x_n f_n}{f_1 + f_2 + \cdots + f_n} = \frac{1}{N} \sum_{i=1}^{n} x_i f_i$$

式中，N——样本系列的总项数，$N = f_1 + f_2 + f_n$。

（二）算术平均法

若实测系列内各随机变量很少重复出现，可以不考虑出现次数的影响，用算术平均法求平均值。

$$\bar{x} = \frac{1}{n} \sum_{i=1}^{n} x_i$$

式中，n——样本系列的项数。

对于水文系列来说，一年内只选一个或几个样，水文特征值重复出现的机会很少，一般使用算术平均值。若系列内出现了相同的水文特征值，由于推求的是累积频率 $P(x \leq x_i)$，可将相同值排在一起，各占一个序号。

平均数是随机变量最基本的位置特征，它的位置在频率密度曲线与 X 轴所包围面积的形心处，说明随机变量的所有可能取值是围绕中心分布的，故称为分布中心，它反映了随机变量的平均水平，能代表整个随机变量系列的水平高低。例如，南京的多年平均降水量为 970 mm，而北京的多年平均降水量为 670 mm，说明南京的降水量比北京的丰沛。

根据均值的数学特征，可以利用均值推求设计频率的水文特征值，也可以利用均值表示各种水文特征值的空间分布情况，绘制成各种等值线图。例如，多年平均径流量等值线图、多年平均 24 h 暴雨量等值线图等。我国幅员辽阔，水文现象的均值分布情况各地不同，以年降雨量的均值分布为例，一般分为东南沿海比西北内陆大、山区比平原大、南方比北方大。因降水是形成径流的主要因素，故径流的空间分布与降水量等值线图相似。

二、均方差和变差系数

要反映整个系列的变化幅度，或者系列在均值两侧分布的离散程度，需要

使用均方差或变差系数。设有实测系列为 x_1，$x_2,\cdots,$ x_n，其均值为 $\bar{x}$，任一实测值 x_i，对平均数的离散程度用离差 $\Delta x_i = x_i - \bar{x}$ 表示。由均值的数学特性可知，$\sum (x_i - \bar{x}) = \sum \Delta x_i \equiv 0$，所以反映系列的离散程度不能用一阶离差的代数和。

（一）均方差

均方差是随机变量离均差平方和的平均数再开方的数值，用符号 S 表示，即

$$s = \sqrt{\frac{\sum i(x_i - \bar{x})^2}{n}}$$

式中，n——样本系列的总项数。

上式只适用于总体，对于样本系列应采用下列修正公式：

$$s = \sqrt{\frac{\sum (x_i - \bar{x})^2}{n-1}}$$

均方差反映实测系列中各个随机变量离均差的平均情况，均方差大，说明系列在均值两旁的分布比较分散，整个系列的变化幅度大；均方差小，说明系列的离散程度小，整个系列的变化程度小。

（二）变差系数

均方差代表系列的绝对离散程度，对均值相同、均方差不同的系列，可以比较其离散程度；而对于均值不同、均方差相同、均值均方差都不同的系列，则无法比较。这是因为均方差不仅受系列分布的影响，也与系列的数值大小有关。因为在两个不同的系列中，数值大的系列，一般来说各随机变量与均值的离差要大一些，均方差也会大些。数值较低的系列均方差要小一些。因而均方差大时，不一定表示系列的离散程度大。

变差系数又称离差系数或离势系数，它是一个系列的均方差与其均值的比值，即

$$C_v = \frac{S}{\bar{x}} = \frac{1}{x}\sqrt{\frac{\sum (x_i - \bar{x})^2}{n-1}}$$

令 $K_i = \dfrac{x_i}{\bar{x}}$，$K_i$ 称为模比系数或变率，则

$$C_v = \sqrt{\frac{\sum (K_i - 1)^2}{n-1}}$$

这样就消除了系列水平高低的影响，用相对离散程度来表示系列在均值两旁的分布情况。

各种水文现象的变差系数 C_v，也可用等值线图表示其空间分布。我国降雨量和径流量的 C_v 分布，大致是南方小、北方大；沿海小、内陆大；平原小、山区大。

三、偏态系数

变差系数说明了系列的离散程度，但不能反映系列在均值两旁分布的另一种情况，即系列在两旁的分布是否对称，如果不对称，是大于均值的数出现的次数多，还是小于均值的数出现的次数多。故引入另一个参数——偏态系数（也称偏差系数）。

数理统计中定义偏态系数为

$$C_s = \frac{\sum (x_i - \bar{x})^3}{nS^3} = \frac{\sum (K_i - 1)^3}{nC_v^3}$$

对于样本系列

$$C_s = \frac{\sum (x_i - \bar{x})^3}{(n-3)S^3} = \frac{\sum (K_i - 1)^3}{(n-3)C_v^3}$$

式中：S——样本系列的均方差；

C_v——变差系数；

n——样本系列的项数。

第五节 水文频率曲线线型

客观世界中的随机变量具有不同的概率分布规律。经过研究和分析，可以对某些概率分布给出数学表达式，并得到相应的频率曲线。水文分析计算中使用的概率分布曲线俗称水文频率曲线，习惯上把由实测资料（样本）绘制的频率曲线称为经验频率曲线，而把由数学方程式所表示的频率曲线称为理论频率曲线。所谓水文频率分布线型是指所采用的理论频率曲线（频率函数）的型式（水文中常用线型为正态分布型、极值分布型、皮尔逊Ⅲ型分布型等），它的选择主要取决于与大多数水文资料的经验频率点据的配合情况。分布线型的选择与统计参数的估算一起构成了频率计算的两大内容。下面介绍两种最常用的理论频率曲线。

一、正态分布

正态分布具有如下形式的概率密度函数：

$$f(x) = \frac{1}{\sigma\sqrt{2\pi}} e^{-\frac{(x-\bar{x})^2}{2\sigma^2}} \quad (-\infty < x < \infty)$$

式中：$\bar{x}$——平均数；

$\quad\quad\sigma$——标准差；

$\quad\quad e$——自然对数的底。

二、对数正态分布

当随机变量 x 的对数值服从正态分布时，称 x 的分布为对数正态分布。对于两参数正态分布而言，变量 x 的对数 $y = \ln x$ 服从正态分布时，y 的概率密度函数为

$$g(y) = \frac{1}{\sigma_y\sqrt{2\pi}} \exp\left[-\frac{\left(y - a_y\right)^2}{2\sigma_y^2}\right] \quad (-\infty < y < \infty)$$

式中：a_y——随机变量 y 的数学期望；

$\quad\quad\sigma_y^2$——随机变量 y 的方差。

由此可得到随机变量的概率密度函数

$$f(x) = \frac{1}{x\sigma_y\sqrt{2\pi}} \exp\left[-\frac{\left(\ln x - a_y\right)^2}{2\sigma_y^2}\right] \quad (x > 0)$$

式中，概率密度函数包含了 a_y 和 σ_y 两个参数，故称为两参数对数正态曲线。

第六节　水文统计参数估计方法

一、适线法

适线法是水文统计中参数估计使用较为广泛且历史悠久的估计方法。最早于20 世纪 50 年代被应用于水文计算中。

适线法的基本原理是根据经验频率点据，找出配合最佳的频率曲线，相应的分布参数为总体分布参数的估计值。

对于一个实测系列，适线法分为以下三步。

（一）绘制经验频率点

纵坐标为变量值，横坐标为经验频率，在概率格纸上绘制出经验点据 $\left(x_{\mathrm{m}}^{*}, p_{\mathrm{m}}\right)$，其中 x_{m}^{*} 为一组水文观测值，例如降雨量值，按从大到小顺序排列；p_{m} 为相应的频率，计算公式为 $p_{\mathrm{m}}=\dfrac{m}{n+1}$，将这些点以"＊""×""•"表示点矩所在位置。

（二）绘制理论频率曲线

假定 X 分布符合某一总体概率模型（我国采用 P-Ⅲ型分布），一般利用矩法估计分布密度函数中的未知参数，再根据相应参数在上一步完成的图中绘制出理论频率曲线。

（三）检查拟合情况

如果点线拟合情况很好，则所估计的参数为适线法估计结果，如果点线拟合不好，则需调整参数，重新估计参数并绘制理论频率曲线，直到点线拟合好为止，最终参数为适线法估计结果。

二、矩法

矩估计法，也称"矩法估计"，是用每一阶矩来代替频率曲线方程式中的一个参数，例如曲线中有 t 个参数，就可以用前 k 阶矩来代替。矩法的几何意义比较明显，最简单的矩估计法是用一阶样本原点矩来估计总体的期望，而用二阶样本中心矩来估计总体的方差。该方法计算较为简便，事先不用选定频率曲线的曲线线型，因此在频率分析计算中使用的最为广泛；但是矩法要求水文系列较长，否则易受特大值的影响，使得矩的计算误差加大。

矩方法首先利用最低阶矩表示估计参数，然后将样本矩代入表达式，最后得到参数的估计量。矩法包括三个具体步骤。

第一，计算低阶矩，找出利用参数表示的矩表达式，通常需要的低阶矩个数等于参数个数。

第二，求解上一步的表达式，得到由矩表示的参数表达式。

第三，将样本矩代入第二步的表达式，得到由矩表示的参数表达式。所以，矩方法是先按下列公式求得所需的参数：

$$\bar{x} = \frac{1}{n}\sum x_i$$

$$C_v = \sqrt{\frac{\sum (K_i - 1)^2}{n - 1}}$$

$$C_s = \frac{\sum (K_i - 1)^3}{(n - 3) \cdot C_v^3}$$

然后配置一定的频率曲线，求得频率 P 与设计值 x_p 的关系，或在频率格纸上绘制出频率曲线的图形。

矩法只是利用了矩的信息而没有充分利用总体分布函数的信息，对某些总体的参数矩估计量有时不够严格。针对矩估计的某些缺陷，国外学者先后提出了概率权重矩法和线性矩法等。

三、权函数法

当样本容量较小时，用矩法估计参数会产生一定的计算误差，其中尤以 C_s 的计算误差较大。我国学者马秀峰从分析矩法的求矩差出发，提出了权函数法。这种方法增加了均值附近数据的权重，减少了丢失的断面面积，同时利用低阶矩估计高阶矩，降低了估计误差，从而提高了参数 C_s 的计算精度。权函数法的实质在于用一、二阶权函数矩推求 C_s，具体计算公式为

$$C_s = -4\sigma \frac{B(x)}{G(x)}$$

式中

$$B(x) = \int_{a_0}^{+\infty} [x - E(X)] \varphi(x) f(x) \mathrm{d}x \approx \frac{1}{n} \sum_{i=1}^{n} (x_i - \bar{x}) \varphi(x_i)$$

$$G(x) = -\int_{a_0}^{+\infty} [x - E(X)]^2 \varphi(x) f(x) \mathrm{d}x \approx \frac{1}{n} \sum_{i=1}^{n} (x_i - \bar{x})^2 \varphi(x_i)$$

第七节　水文频率计算适线法

由实测水文变量系列求得的经验频率曲线，是对水文变量总体概率分布的推断和描述。但如直接把经验频率曲线用于解决工程实际问题，还存在着一定的局限性。因我国目前的水文实测资料一般不超过几十年，算出的经验频率至多相当于几十年一遇。而在工程规划设计里面，常需要确定更为稀遇的水文变量值，这些稀遇值无法从经验频率曲线直接查出。为解决这样的问题，目前的做法是借助理论频率曲线对经验频率曲线进行延长，求得稀遇洪水或枯水水文特征值的频率分布。

为了借助理论频率曲线对经验频率曲线进行延长，需要找到一条和水文变量经验频率点据拟合比较好的理论频率曲线，即该曲线在实测资料范围内表示出的统计规律和实测资料是一致的。同时认为，该理论频率曲线能够表示水文变量总体的统计规律，确定合适的参数作为总体参数的估计值，以推求设计频率的水文特征值，作为工程规划设计的依据。

目前常用的适线法有三种：试错适线法、三点适线法、优化适线法。

一、试错适线法

用这种方法绘制理论频率曲线的步骤如下。

将审核过的水文资料按递减顺序排列，计算各随机变量的经验频率，并点绘于概率格纸上；计算统计参数 $\bar{x}$、C_v；假定 C_s 值（在经验范围内选用）；确定线型（一般采用皮尔逊Ⅲ型曲线，如配合不好，可试用克里茨基-闵凯里曲线）；根据 C_s、P_i 查离均系数 Φ 值表，计算理论频率曲线纵坐标，绘理论频率曲线；

观察理论频率曲线是否符合经验点的分布趋势，若基本符合点群分布趋势，则统计参数即为对总体的估计值，可以从图上查出设计频率的水文特征值。否则，根据统计参数对频率曲线的影响，在标准误差范围内调整统计参数重新适线。

由于 C_s 误差较大，在适线时一般以调整 C_s 适线，在调整 C_s 适线得不到满意的效果时，可调整下 $\bar{x}$、C_v。

二、三点适线法

三点适线法的步骤如下。

第一，将审核过的水文资料按递减顺序排列，计算各随机变量的经验频率，并点绘于概率格纸上。

第二，目估一条最佳配合线。假定它是一条理论频率曲线，在曲线上找出三点，它们应符合以下条件：

$$x_1 = \bar{x}\left(\varPhi_1 \cdot C_v + 1\right)$$
$$x_2 = \bar{x}\left(\varPhi_2 \cdot C_v + 1\right)$$
$$x_3 = \bar{x}\left(\varPhi_3 \cdot C_v + 1\right)$$

式中，$\varPhi_i$ 为离均系数，$\varPhi_i = f\left(C_s, P\right)(i = 1,2,3)$。

所取三点的频率分别为 1%、50%、99%，3%、50%、97%，5%、50%、95% 或 10%、50%、90%，此三点应在经验频率点据的范围内。

第三，利用三个联立方程解出 $\bar{x}$、C_v 的算式。

由式 $x_1 = \bar{x}\left(\varPhi_1 \cdot C_v + 1\right)$ 得

$$C_v = \frac{x_1 - \bar{x}}{\varPhi_1 \bar{x}}$$

代入式 $x_3 = \bar{x}\left(\varPhi_3 \cdot C_v + 1\right)$ 得

$$\bar{x} = \frac{\varPhi_1 x_3 - \varPhi_3 x_1}{\varPhi_1 - \varPhi_3}$$

由式 $C_v = \dfrac{x_1 - \bar{x}}{\varPhi_1 \bar{x}}$ 和式 $\bar{x} = \dfrac{\varPhi_1 x_3 - \varPhi_3 x_1}{\varPhi_1 - \varPhi_3}$ 消去 $\bar{x}$ 得

$$C_v = \frac{x_1 - x_3}{\varPhi_1 x_3 - \varPhi_3 x_1}$$

式中 $\bar{x}$ 和 $\bar{x}$ 的计算式有 $\varPhi_1$ 和 $\varPhi_3$，它们是未知数，无法直接求解。

第四，将 $\bar{x}$ 和 $\bar{x}$ 代入式 $x_1 = \bar{x}(\varPhi_1 \cdot C_v + 1)$ - 式 $x_3 = \bar{x}(\varPhi_3 \cdot C_v + 1)$ 整理得

$$\frac{x_1 + x_3 - 2x_2}{x_1 - x_3} = \frac{\varPhi_1 + \varPhi_3 - 2\varPhi_2}{\varPhi_1 - \varPhi_3} = S$$

式中，S 是 C_s，P 的函数，即

$$S = f\left(C_s, P\right)$$

三、优化适线法

优化适线法是在一定的适线准则（目标函数）下，估计与经验点据拟合最优的频率曲线的方法。适线时采用的准则分为三种：离差平方和最小准则（OLS）、离差绝对值最小准则（ABS）和相对离差平方和最小准则（WLS）。研究表明，以离差平方和最小准则的优化适线法估计所得的参数和目估适线法的结果比较接近。因此，在以优化适线估计参数时，通常采用离差平方和准则。

离差平方和准则的适线法就是使经验点据和同频率的频率曲线纵坐标之差的平方和达到最小，对于皮尔逊Ⅲ型曲线，就是使下列目标函数取最小。

$$S(Q) = \sum_{i=1}^{n} \left[x_i - f\left(P_i, Q\right) \right]^2$$

即 $S(Q') = \min S(Q)$

式中：Q——参数（X，C_v，C_s）；

　　　Q'——参数 Q 的估计值；

　　　P_i——频率；

　　　n——系列长度；

　　　$f(P_i, Q)$——频率曲线纵坐标。

由样本通过矩估计的均值误差很小，一般不再通过优化适线估计。通常只用优化适线法估计 C_v 和 C_s 两个参数值。

计算机优化适线通常采用的现代优化方法有遗传算法（GA）和粒子群算法（PSO）等。

第八节　抽样误差

一、抽样误差

用一个样本的统计参数来代替总体的统计参数是存在一定误差的，这种误差是由于从总体中随机抽取的样本与总体有差异而引起的，与计算误差不同，称为抽样误差。

从总体中随机抽样可以得到许多个随机样本，这些样本的统计参数也属于随机变量，它们也具有一定的频率分配，这种分配称为抽样误差分配。假设总体有 N 项，从中随机抽出 n 项组成一组样本，这样的组样本可以有许多个，设共有 m 组样本，每组样本都有自己的统计参数。

由各样本均值所组成系列的均值为

$$E(\bar{x}) = \frac{1}{m}\sum_{i=1}^{m}\overline{x_i}$$

二、抽样误差的计算

抽样误差的大小由均方误来衡量。计算均方误的公式与总体分布有关。对于皮尔逊Ⅲ型分布且用矩法估算参数时，用 $\sigma_{\bar{x}}$、σ_{σ}、σ_{C_v}、σ_{C_s} 分别代表 $\bar{x}$、σ、C_v 和 C_s 样本参数的均方误，则它们的计算公式为

$$\sigma_x = \frac{\sigma}{\sqrt{n}}$$

$$\sigma_\sigma = \frac{\sigma}{\sqrt{2n}}\sqrt{1 + \frac{3}{4}C_s^2}$$

$$\sigma_{C_v} = \frac{C_v}{\sqrt{2n}}\sqrt{1 + 2C_v^2 + \frac{3}{4}C_s^2 - 2C_vC_s}$$

$$\sigma_{C_s} = \sqrt{\frac{6}{n}\left(1 + \frac{3}{2}C_s^2 + \frac{5}{16}C_s^4\right)}$$

由上述公式可见，抽样误差的大小随样本项数 n、C_v 和 C_s 的大小而变化。

样本容量大，对总体的代表性就好，其抽样误差就小，这就是为什么在水文计算中研究者总是想方设法取得较长的水文系列的原因。

第九节　相关分析

一、相关分析的意义

在水文频率分析中，如果实测资料系列的项数 n 较大，利用试错适线法或三点适线法可以推求出一条和经验点配合较好的理论频率曲线，确定出合适的统计参数，以计算设计频率的水文特征值。但是有些测站或因建站较晚实测资料系列较晚，或由于某种原因系列中有若干年缺测，使得整个系列不连续。从误差分析中可知，统计参数的标准误差都和样本系列的项数 n 平方根呈反比。为了增加系列的代表性，提高分析计算的精度，减少抽样误差，需要对已有的实测资料系列进行插补和延长。

自然界的许多现象都不是孤立地变化的，而是相互关联、相互制约的。例如，降雨和径流、气温和蒸发、水位和流量等，它们之间都存在一定的联系。研究分析两个或两个以上随机变量之间的关系称为相关分析。

两种现象（两个变量）之间的关系，一般按照密切程度可以划分为三类。

（一）完全相关（函数关系）

若变量 x 的每个确定的值都有一个确定的 y 值与之相对应，则称 y 是 x 的函数，两者属于完全相关（数学上的函数关系）。相关的形式可以是直线或是曲线。欧姆定律、物体抛物线运动规律都属于函数关系。

（二）零相关（不相关）

若两种现象互不影响，毫不相关，它们的相关点在图上分布散乱，或呈水平或呈垂线，则称零相关或不相关。

（三）相关关系（统计相关）

变量 x 的每个确定值所对应的变量 y，由于受到众多偶然因素的影响，数字是不完全确定的，但是根据 x 与 y 对应值点绘在坐标中，虽不严格成直线或曲线，但是点群的分布会具有某种趋势，这种介于完全相关和零相关之间的关系，称统计相关或相关关系。大量水文分析中要研究这种关系，如降雨与径流，洪峰与洪量，水位与流量，上、下游站洪水流量之间相关关系等。

水文现象间由于受多种因素影响，它们之间的相关关系属于统计相关。

水文分析计算中进行相关分析的目的，主要是通过相关分析把短期系列的资料展延为长期，提高系列的代表性，增加计算成果的可靠性。另外，水文长、中、短期预报方案编制时亦需进行相关分析。

在相关分析中，按变量的多寡可分为简单相关和复合相关两种类型。简单相关是指只有一个自变量和一个倚变量之间的关系；而复合相关则指几个变量和一个倚变量之间的相关关系。在简单相关中，又有直线和曲线相关两种形式。在水文计算中，简单相关的直线相关计算应用的最多。故本节重点介绍这种相关关系。

二、相关分析法

（一）图解法

当两个变量之间关系比较密切时，可把变量的对应观测资料绘于一张图上，再通过相关点据群中心目估一条相关线，使相关点均匀分布在线的两侧，这种方法叫图解法。

（二）回归分析法

上述的图解法简单明了，但目估定线任意性太强，且缺乏判断两变量关系密切程度的指标。因此，目前常用的分析法是建立两变量间的回归方程，计算描述变量相关程度的相关系数。

（三）回归线的误差

上述回归线仅仅是观测点据的最佳配合线，通常观测点据并不完全落在回归线上，而是以回归线为中心向两旁分布，因此回归线只能反映两变量间的平均关系，利用回归线来插补展延短期系列时，总有一定的误差。其分布一般服从正态分布。

第三章　水文水资源的监测基础理论

第一节　水资源监测基本内容与意义

一、水资源监测基本内容

水资源是指可供利用或有可能被利用，具有足够数量和可用质量，并可适合某地对水的需求而能长期供应的水源，其补给来源主要为大气降水。与此相应，水资源监测则是对水资源的数量、质量、分布状况、开发利用保护现状进行定时、定位分析与观测的活动。由于水资源管理、调度和优化配置涉及城乡生活和工业供水、农业灌溉、发电、防洪和生态环境等诸多方面，以及上下游、左右岸、地区之间、部门之间的调度，因此，我国的水资源管理涉及面广、问题复杂，管理难度很大，与之相应的水资源监测同样是问题复杂、难度大。

目前国内外有一些学者提出水资源应包括三个部分：地表水资源、地下水资源和土壤水资源。但由于土壤水易蒸发或转换为地下水，在传统的水资源监测与评价中，并未将土壤水作为水资源监测与评价的一部分，在实际工作中，土壤水分监测主要作为旱情监测的内容。所以本书所指的水资源监测主要是对地表水、地下水的数量和质量监测技术方法，不涉及土壤水分监测技术方法。

二、水资源监测的意义

水资源在自然界中不断地进行着循环往复，但其总量是有限的，且受到气候和地理条件的影响，不同地区的水资源量相差很大，即便是在同一地区，也存在年内和年际变化。如北非一些国家和埃及、沙特阿拉伯等国家降雨量少、蒸发量大，导致径流量很小，人均及单位面积土地的淡水资源拥有量非常少；相反，冰岛、印度尼西亚等国家，以每公顷土地计的径流量比贫水国家高出 1 000 倍以上。

在我国，水资源分布的特点是南多北少，且降水大多集中在夏、秋两季中。由于水资源的不可替代性和用途的多样性，包括生态系统在内的各用水环节，在利用水资源时往往会出现各种矛盾（如不同地区、部门之间争夺水资源的使用权、单一用水部门的水资源需求与供给的矛盾等），为了妥善解决用水矛盾，协调人类社会不同用水地区、部门之间以及人类社会和生态系统之间的水量分配，在促进人类社会发展的同时，为实现人与自然和谐发展的目标，保证水资源可持续利用，就需要对水资源进行监测，为水资源评价、保护、规划和管理等工作提供科学依据，使水资源开发利用尽可能满足和发挥出更大的社会效益、经济效益和生态效益。

通过下面收集的水资源评价、水资源保护、水资源规划、水资源管理的内容概述，可以看出水资源监测工作的意义和重要性。

第一，水资源评价是对一个国家或地区的水资源数量、质量、时空分布特征和开发利用情况做出的分析和评估。它是保证水资源可持续利用的前提，是进行与水相关的活动的基础，是为国民经济和社会发展提供供水决策的依据。经过多年的发展，水资源评价工作已经得到了长足的发展，评价方法也在不断地完善。水资源评价工作已经从早期只统计天然情况下河川径流量及其时空分布特征，发展到目前以水资源工程规划设计所需要的水文特征值计算方法及参数分析、水资源工程管理及水源保护等，特别是对水资源供需情况的分析和预测，以及在此基础上的水资源开发前景展望为主要内容的新阶段。此外，对水资源开发利用措施的环境影响评价，也正在成为人们关注的新焦点。

第二，水资源保护是通过行政、法律、工程、经济等手段，保护水资源的质量和供应，防止水资源信息监测及传输应用技术污染、水源枯竭、水流阻塞和水土流失，以尽可能地满足经济社会可持续发展的需求。水资源保护包括水量保护与水质保护两个方面。在水量保护方面，应统筹兼顾、综合利用、讲求效益，发挥水资源的多种功能，注意避免过量开采和水源枯竭；同时，还要考虑生态保护和环境改善的用水需求。在水质保护方面，应防止水环境污染和其他公害，维持水质的良好状态，特别要减少和消除有害物质进入水环境，加强对水污染防治的监督和管理。总之，水资源保护的最终目的是保证水资源的永续利用，促进人与自然的协调发展，并不断提高人类的生存质量。

第三，水资源规划是以水资源利用、调配为对象，在一定区域内为开发水资源、防治水患、保护生态系统、提高水资源综合利用效益而制定的总体计划与措施安排。水资源规划旨在合理评价、分配和调度水资源，支持经济社会发展，改善环境质量，以做到有计划地开发利用水资源，使经济发展与自然生态系统保护相互协调。水资源规划的主要内容包括水资源量与质的计算与评估、水资源功能的划分与协调、水资源的供需平衡分析与水量科学分配、水资源保护与灾害防治规划以及相应的水利工程规划方案设计及论证等。

第四，水资源管理是指对水资源开发、利用和保护的组织、协调、监督和调度等方面的实施，是水资源规划方案的具体实施过程。水资源管理是水行政主管部门的重要工作内容，旨在科学、合理地开发利用水资源，支持经济社会发展，保护生态系统，以达到水资源开发利用、经济社会发展和生态系统保护相互协调的目标。水资源管理内容主要包括：运用行政、法律、教育等手段，组织开发利用水资源和防治水害；协调水资源的开发利用与经济社会发展之间的关系，处理各地区、用水部门间的用水矛盾；制定水资源的合理分配方案，处理好防洪和兴利的调度，提出并执行对供水系统及水源工程的优化调度方案，对来水量变化及水质情况进行监测，并对相应措施进行管理等。

第二节　我国水资源监测现状与存在的主要问题

一、水资源监测现状

我国水文站网发展明显加快，经过多年艰苦努力，经历了四次规模较大的水文站网规划、论证和调整工作，在全国初步布设了较为完整的水文站网。

第一，在监测方法上，水位主要采用人工监测和自动监测记录方式，以自动监测为主；河道流量测验根据河道断面、水流等实际情况，采取人工、半自动、自动测流技术，一般选用流速仪法、量水建筑物法（测流堰、测流槽）、浮标法、声学法（时差法、走航式 ADCP、水平式 ADCP 等）、电磁法等测验方法；当流量监测断面能建立较稳定可靠的水位 – 流量关系时，采取推流的方法。

第二，在地下水监测方面，目前全国水利（水文）部门共有地下水监测站约 25 000 处，其中基本站 13 489 处、统测站 11 000 余处，已初步形成能控制北方主要平原区地下水动态的基本监测站网，但绝大多数为生产井、民井。监测方式主要以人工监测为主，人工方式监测方法包括测量、测绳、电接触悬锤式水尺等，一般情况下，为保证测验精度，推荐使用电接触悬锤式水尺；目前地下水位自动监测仪器主要使用的有浮子式、压力式和气泡式水位计等。基本站监测频次一般为每日、每五日、每十日监测 1 次，统测站每年监测频次为 2~4 次。另外，还有少数为开展地下水运移规律研究等的实验站。近年来，根据地下水开发利用情况和应用需求，一些省份开展了地下水自动监测系统试点建设，地下水自动监测能力有所提高。

第三，在取用水监测方面，农业用水按照灌区分级标准，一般 30 万亩（1 亩 ≈666.667m²）及以上的为大型灌区；30 万亩以下 1 万亩以上的为中型灌区；1 万亩以下的为小型灌区。目前我国约有大型灌区 402 处、中型灌区 5 200 多处、小型灌区 1 000 多万处。按照最严格水资源管理制度的有关要求，要对纳入取水许可管理的单位和用水大户实行计划用水管理，建立重点用水监控单位名录，强化用水监控管理。水文部门也已经开展了对许多工业企业的水平衡测试等项工作，宁夏、山东（青岛）等地水文部门还开展了区域用水总量监测，在农业取用水、工业企业取用水和居民用水等方面开展监测与调查，初步积累了监测、统计分析等好的方法与经验。一般而言，对于工业、居民生活等用水量监测，由于大多数使用管道，相对较容易，也可实现自动监测。对于管道的流量测验，一般可采用水表法、电磁流量计法、声学管道流量计法等。对于农业灌溉，其情况较为复杂，既有地表水、也有地下水，地表水一般采用上述的地表水主要流量监测技术方法；农业地下水开采量监测，由于涉及井点多、面广，很难每个井点安装监测仪器设备，目前主要采用调查统计方法，少部分安装监测仪器设备的，主要采用水表（农用水表）、电表等方法监测。

二、水资源监测存在的主要问题

目前水资源监测工作还比较薄弱，不能满足支撑实施最严格水资源管理制度的需求，主要存在以下问题。

第一，服务于按行政区界水资源管理的监测站网布设明显不足，监测技术手段比较落后。在省级行政区界和重要的取水点还存在站网布设空白，部分监测站设施设备陈旧、监测与信息传输技术手段相对落后、自动监测能力不足，对行政区域的水资源监控能力明显不足，难以满足对行政区监督考核的需要。

第二，地下水监测专用站少、密度低，站网分布不平衡。现有地下水站大都是为满足农业灌溉或供水需求服务而设置，以生产井为主。站网布局总体呈现北方多南方少，面上观测多、超采区和水源地少，人工观测多、自动观测少，生产井多、专用井少。信息采集的时效性和准确性仍亟待提高，难以满足地下水水位控制考核要求。

第三，取用水监测率低，大多数据主要依靠统计上报，可靠性不够。取用水监测数据目前主要依靠逐级上报的方式统计，数据可靠性、准确性、完整性和时效性不够，不能反映真实的用水情况，有限的计量监测设施还没有发挥应有作用，更难以支撑各地"水资源开发利用控制红线"用水总量考核的需要。

第四，水资源监测站网分散、不完整，管理不统一。在为水资源管理、调度、配置服务而布设的水资源监测站网中，存在多部门监测、多部门管理的现象，监测规范不统一，监测资料分散，难以满足水资源统一管理、科学管理的要求。

第五，水资源监测有关技术标准尚未形成自身体系。现有的规范标准主要基于传统的水文监测，尚缺乏满足区域水资源总量控制等红线指标要求的站网布设方法和监测频次、精度等技术标准。

第六，水资源监测有关基础研究薄弱，技术支撑能力不足。缺乏对满足总量控制指标要求的监测站布设原则的研究，缺乏对不同代表性断面监测精度和频次要求以及监测仪器设备的应用研究，缺乏对区域地下水位动态变化与开采量之间相关关系的研究等。

第三节　水资源监测与传统水文监测的主要差异

一、站网布设的原则不尽相同

传统水文监测主要以河流水系为基础进行水文站网布设，遵循流域与区域相结合、区域服从流域的基本原则，并根据测站集水面积、地理位置以及作用不同进行分类布设，主要体现在河流一条线上，以流域水系控制为主。而水资源监测站网布设，除水文监测外，还涉及取用水、地下水等，由仅涉及河流的一条线扩展到涉及工农业、城市、乡村的面，以区域控制为主。

水资源监测站网主要以能监控行政区域水资源量，满足以行政区域为单元的水资源管理需要为原则。《水资源水量监测技术导则》中提出了以下原则。

（一）有利于水量水质同步监测和评价的原则

在行政区界、水功能区界、入河排污口等位置应布设监测站或调查站。

（二）区域水平衡原则

根据区域水平衡原理，以水平衡区为监测对象，观测各水平衡要素的分布情况。

（三）区域总量控制原则

区域总量控制原则应能基本控制区域产、蓄水量，实测水量应能控制区域内水资源总量的 70% 以上。

（四）充分利用现有国家基本水文站网原则

若国家基本水文站网不能满足水量控制要求，应增加水资源水量监测专用站。

（五）有利于水资源调度配置原则

在有水资源调度配置要求的区域，应在主要控制断面、引（取、供）水及排（退）水口附近布监测站点。

（六）实测与调查分析相结合的原则

设站困难的区域，可根据区域内水文气象特征及下垫面条件进行分区，选择有代表性的分区设站监测，通过水文比拟法，获取区域内其他分区的水资源水量信息；也可通过水文调查或其他方法获取水资源水量信息。

二、站网布设的目的要求不尽相同

常规水文站网（流量站网）设站时以收集设站地点的基本水文资料为目的，

主要是为防汛提供实时水情资料，通过长期观测，实现插补延长区域内短系列资料，利用空间内插或资料移用技术为区域内任何地点提供水资源的调查评价、开发和利用，水工程的规划、设计、施工，科学研究及其他公共所需的基本水文数据。常规水文测站一般需要设在具有代表性的河流上，以满足面上插补水文资料的要求，多布设在河流中部或河口处。

水资源监测站设立的主要目的是满足准确测算行政区域内的水资源量，满足以行政区划为区域的水量控制需要。监测站位置一般需要设在跨行政区界河流上、重要取用水户（口）、水源地等，以满足掌握行政区域水资源量的要求。《水资源水量监测技术导则》中提出了以下要求。

在有水资源调度配置需求的河流上应布设水量监测站；在引（取、供）水、排（退）水的渠道或河道上应布设水量监测站、点；湖泊、沼泽、洼淀和湿地保护区应布设水量监测站，可在周边选择一个或几个典型代表断面进行水量监测；在城市供用水大型水源地应布设水量监测站，可结合水平衡测试要求，布设水资源水量监测站，以了解重要及有代表性的供水企业或单位的用水情况；在对水量和水质结合分析预测起控制作用的入河排污口、水功能区界、河道断面应布设水资源水量监测站，以满足水资源评价和分析需要；在主要灌区的尾水处应布设水量监测站；在地下水资源比较丰富和地下水资源利用程度较高的地区应按《地下水监测规范》的要求布设地下水水量监测站，以掌握地下水动态水量；喀斯特地区，跨流域水量交换较大者，应在地表水与地下水转换的主要地点布设水资源水量专用监测站，或在雨洪时期实地调查；平衡区内配套的雨量站网和蒸发站网应满足水平衡分析的要求；大型水稻灌区应有作物蒸散发观测站，旱作区除陆面蒸发外还应进行潜水蒸发观测；大型水库、面积超过30万亩的大型灌区应设置水资源水量监测专用站。

三、监测要素和时效性要求不尽相同

常规的流量水文测站一般要求监测项目齐全，至少应包括雨量、水位、流量三个项目，有的还有蒸发、泥沙、水质和辅助气象观测项目等。传统的水文测验重点常常是洪水，对中小水特别是枯水的测验要求相对较低，频次较少，平、枯水测验成果误差相对较大。常规水文站网中，部分具有防汛功能的测站需要实时报送监测信息，其他测站一般不具有实时报送水文信息的需求。

水资源监测要素比常规的水文监测要素更广泛一些，但水资源监测的重点往往是流量，因此对平、枯水流量的测验精度和频次要求高；同时还需要考虑水量水质同步监测的需要，而对降水、蒸发、泥沙和气象等项目的测验要求相对较低。水资源监测要素还包括取水量、用水量、排（退）水量、水厂的进出厂水量、地下水开采量等信息，水利工程信息（如泵站、闸门、水电站等水利工程运行的闸位），闸门、泵站、工程机械启动停止信息，管道内压力信息，以及城市、工业的明渠管道输水测量等。除此以外，为了水资源管理调度，还需要远程监控水资源信息，对一些重要水利工程和水源地对象实施远距离的视频监视信息传输，采用手工、半自动和自动等手段对重要闸门、水泵实施控制运行，并需要控制运行后的反馈信息。

水资源监测对监测信息的实时性要求一般较高，要求检测站具有实时向水行政主管部门及时报送监测信息的功能。其监测频次相对传统水文测验而言要求高，对监测仪器设备配置和信息自动传输功能要求高，所以应优先考虑能实现巡测和自动监测，并具有信息自动传输功能的设备配置。

四、监测控制要求不尽相同

（一）数据准确度要求

常规的水文流量测验，国家基本水文站按流量测验精度分为三类。其中流速仪法的测量成果可作为率定或校核其他测流方法的标准，其单次测量测验允许误差，一类精度的水文站总随机不确定度为5%~9%，二类精度的水文站总随机不确定度为6%~10%，三类精度的水文站总随机不确定度为8%~12%(总随机不确定度的置信水平为95%)。

上述水文测验的河流流量测量准确度要求已经是可能达到的最高要求，因此水资源河流流量测量的准确度要求应和水文测验要求相同。但水资源监测中的管道流量和部分渠道流量测量准确度要求可能高于河流流量测验要求。地下水开采流量也应用明渠和管道流量测量方法监测，能达到相应的准确度要求。为了达到较高的水资源流量监测准确度要求，对有些监测要素可能提出较高的准确度要求，如要求水位监测达到毫米级精度。此外，用于生活用水的水源地、取水口自然有较高的水质监测要求。对一些监测控制信息，也有较高的准确度和可靠性要求。

（二）传输控制要求

水资源管理系统需要传输有关图像，以监视现场的工作情况。对需要控制运行的泵站、闸门等设施，要保证能可靠控制其运行，并不断监测其工作情况。这些要求和工作特性是完整的工业自动化远程监测控制系统所需要的，和一般的信息采集传输系统有所不同。

五、监测要素基本相同，但监测手段不同

目前水文监测以驻站测验为主，巡测和自动监测为辅，流量测验不完全要求在线监测，主要监测明渠流量；而水资源监测以自动监测和巡测为主，驻测为辅，流量监测一般要求实现直接或间接的在线监测，除明渠流量监测外，还需对管流进行监测。需要时，还要结合调查统计方法，对取用水量进行调查统计，获取其相应水量。当然，从水资源监控系统建设来说，除对水资源的质量监测外，还需对水资源工程信息和远程控制信息进行监测，这些监测更多的是采用自动监测。

第一，明渠中的流量监测是间接测量，一般不能直接测得流量，而是通过测量水位、水深、断面起点距、流速等多个要素，然后用数学模型计算得到流量。因而流速、水位、水深、起点距成为直接的水资源监测要素。在明渠流量监测中，无论水文监测还是水资源监测，其所需监测的要素相同，而水资源监测技术手段更趋向自动化。

第二，用于满管管道流量测量的管道流量计可直接测得流量数据。用于非满管管道流量测量的管道流量测量设施，也属于间接测量，需要测量水位、流速，然后用数学模型计算得到流量。

第三，对于水库、湖泊，需要测量其蓄水量，有些河槽蓄水量也是水资源监测要素。监测水位后可以应用水位－库容关系等得到蓄水量。

第四，水质是水资源监测的重要因素，水质参数种类很多。《水环境监测规范》中对河流水质，如饮用水源地水质、湖泊水库水质、地下水水质的必测项目和选测项目作了具体规定，都达到数十项之多，对一些特殊站点，还应加测一些项目。但常规检测并不完全分析全部项目。

第五，水温已被列入所有水质监测中的必测项目。水质监测中的悬浮物要素和水文测验中测得的悬移质泥沙含量接近，但没有明确两者关系。

需要指出的是，由于水资源监测工作起步较晚，其监测站网布设明显不足，监测手段仍然落后。但是总体来说，水资源监测与传统水文监测在水量和水质方面技术方法上是基本一致的，在监测技术标准制定、相关技术应用等方面主要依托传统水文监测的技术和方法。当然水资源监测有其自身的特点和需求，本书除介绍传统的水文监测方法外，还系统收集、归纳和整理了适合水资源监测特点和需求的主要技术方法，以便在水资源监控系统建设中供使用者参考。

第四章　水资源监测基本内涵

第一节　水污染与水质监测

一、水资源与水污染

（一）水资源概述

水是人类社会的宝贵资源，在由分布于海洋、江、河、湖泊水和地下水、大气水及冰川共同构成的地球水圈中，地球总水量为 1.386×10^{10} 亿 m^3。由于海水难以被直接利用，因而我们所说的水资源主要指陆地上的淡水资源。事实上，陆地上的淡水资源总量只占地球上水体总量的 2.53%，为 3.5×10^8 亿 m^3，而且大部分是分布在南、北两极地区的固体冰川。除此之外，地下水的淡水储量也很大，但绝大部分是深层地下水，开采利用量少。人类目前比较容易利用的淡水资源主要是河流水、淡水湖泊水以及浅层地下水，只占淡水总储量的 0.34%，为 1.046×10^6 亿 m^3，还不到全球水总量的万分之一，因此地球上的淡水资源并不丰富。

中国水资源总量为 2.81×10^4 亿 m^3，占世界第 6 位，而人均占有量却很少，属于世界上 21 个贫水和最缺水的国家之一。中国人均淡水占有量仅为世界人均占有量的 1/4，基本状况是人多水少，水资源时空分布不均匀，南多北少，沿海多内地少，山地多平原少，耕地面积占全国 64.6% 的长江以北地区，水资源占有量仅为 20%，近 31% 的国土是干旱区（年降雨量在 250mm 以下），生产力布局和水土资源不相匹配，供需矛盾尖锐，缺口很大。600 多座城市中有 400 多座供水不足，严重缺水的城市有 110 座。随着人口增长、区域经济发展、工业化和城市化进程加快，城市用水需求不断增长，水资源供应不足、用水短缺问题必然成为制约经济社会发展的主要阻力和障碍。

（二）水污染

水的污染最终会引起水体的污染。水体就是指自然水域，包括河流、湖泊、海洋及地下水等。水体是自然环境的重要组成部分，而且是其中最活跃的部分水体间互相连通，如同大自然的血液，不断地在地球及生物圈间循环运行，在物质和能量迁移及转化过程中起着重要作用。

水在自然循环和社会循环过程中有多种多样的杂质混入，使其成分发生不同程度的变化。水体在一定程度上具有自净能力，即自然降低污染物的能力，当外来杂质（污染物）超过水体的自净能力时，水质就会恶化，严重影响人类对水体的利用，水质的这种恶化称为水体污染。

水污染大致可分为自然污染和人为污染两种。火山爆发污染、矿区地下水水源污染为自然污染；生活污水和工业废水及农业生产使用的化肥、农药所造成的污染为人为污染。

一旦水体遭到污染，居民健康和工农业生产以及自然环境都极易受到危害。危害的程度取决于污染物质的浓度、特性等因素。

（三）有毒物质污染

1. 有机有毒物质

有机有毒物质主要是指酚类化合物及难以降解的蓄积性极强的有机农药和多联苯等。其主要来自农田排水和有关的工业废水，对环境危害大、时间长。有些还是致癌物。

2. 无机有毒物质

无机有毒物质主要是指重金属及其化合物。这类物质在水体中也能转移，但与有机物不同，其污染特征主要有以下几点。

第一，重金属元素不易为生物所降解或完全不能为生物所降解，这方面已由众多实验结果所证实。

第二，大多数的金属离子及其化合物，易被水中悬浮颗粒所吸附而沉淀至水底的沉淀层中，如汞。河流泥沙对砷有很强的吸附能力，往往是含沙量越高，河水的含砷量也越高。

第三，金属离子在水中的迁移和转化与水体的酸、碱条件及氧化还原条件有关。例如，河底泥沙中的汞，只有在还原条件下才能甲基化，而甲基汞造成的危害最大；毒性强的六价铬在碱性条件下的迁移能力强于酸性条件；在酸性条件下，二价镉离子易随水迁移而被植物所吸收。

第四，某些金属离子及其化合物能被生物吸收并通过食物链逐渐富集到相当程度。食物链是指生物群落中各种动植物由于食物的关系所形成的一种联系。例如，水体中的藻类可作为浮游动物的食物，浮游动物可作为昆虫幼虫、虾类、鱼类的食物，虾、鱼等水生动物又可作为鸟类、兽类及人类的食物。于是污染物质从水中经下列顺序富集：植物性浮游生物—动物性浮游生物—小型鱼类—大型鱼类。

（四）放射性污染

放射性污染分为人为放射性污染和天然放射性污染。目前掌握的 1 000 多种放射性同位素中，仅有 60 多种是天然的。天然放射性同位素及裂变产物可蓄积在食物链中，某些放射物质如镭（226）和铅（210）可被食用植物吸收，最后富集在哺乳动物的骨骼中。

人为放射性物质的主要来源是核爆炸试验产生的沉降物及核电站、同位素医药、同位素工业排放的污水。放射性污染对环境的影响是很大的，对人体的危害最为严重。

（五）病菌、病毒污染

水体中含有病菌和病毒，会影响当地居民或水源下游居民的身体健康。水常成为某些传染病的媒介。世界卫生组织将水和疾病之间的关系分为以下三类。

第一类疾病肯定是由水传播的。例如，伤寒、细菌性痢疾、霍乱和血吸虫病等。

第二类疾病无肯定资料证明，很可能是由水传播的某些病变所致，如传染性肝炎、腹泻等。

第三类疾病怀疑是由水传播的，如胸膜病、小儿麻痹症等。因此，对水中病菌、病毒的观察与研究是十分重要的。

污水排入水体，不但使水中原有的物质组成发生变化，还会由于污染物质也参与能量和物质的转化及循环过程，使原来正常固定的食物链发生不同程度的变化，破坏已有的生态平衡。这就是水体污染的主要危害。

二、环境监测与水质监测

（一）环境监测

环境监测是环境科学的一个重要分支学科。环境监测，是指通过对环境有影响的各种物质的含量、排放量以及各种环境状态参数的检测，跟踪、评价环境质量及变化趋势，确定环境质量水平，为环境管理、污染治理、防灾减灾等工作提供基础信息、方法指引和质量保证。"监测"一词的含义可以理解为监视、测定、监控等。因此，环境监测的内涵也可表示为：通过对影响环境质量因素的代表值的测定，确定环境质量（或污染程度）及其变化趋势。随着工业和科学的发展，环境监测的内涵也在不断扩展，由工业污染源的监测逐步发展到对大环境的监测，即监测对象不仅是影响环境质量的污染因子，还延伸到对生物、生态变化的监测。

环境监测的过程一般为：现场调查→监测计划设计→优化布点→样品采集→运送保存→分析测试→数据处理→综合评价等。

从信息技术角度看，环境监测是以环境信息为中心建立监测计划，依次经过获取、传递、分析等阶段，最终对环境质量进行综合评价的过程。环境监测的对象包括反映环境质量变化的各种自然因素、对人类活动及环境有影响的各种人为因素、对环境造成污染危害的各种成分因素。

1.环境监测的目的

环境监测的目的是准确、及时、全面地反映环境质量现状及发展趋势，为环境管理、污染源控制、环境规划等提供科学依据。具体可归纳为以下几类。

根据环境质量标准，评价环境质量；根据污染分布情况，追踪寻找污染源，为实现监督管理、控制污染提供依据；收集本底数据，积累长期监测资料，为研究环境容量、实施总量控制、目标管理、预测预报环境质量提供数据；为保护人类健康、保护环境、合理使用自然资源，以及制定环境保护法规、标准、规划等服务。

2.环境监测的分类

环境监测可按监测介质对象或监测目的进行分类，也可按专业部门进行分类，如气象监测、卫生监测和资源监测等。

（1）按监测介质对象分类

环境监测按照监测介质对象可分为水质监测、空气监测、土壤监测、固体废弃物监测、噪声和振动监测、生物监测、放射性监测、电磁辐射监测、热监测、光监测、卫生（病原体、病毒、寄生虫等）监测等。

因此，水质监测隶属于环境监测，是环境监测的一个分支。

（2）按监测目的分类

①监视性监测

监视性监测也称为例行监测或常规监测，具体来说，就是对指定的有关项目进行定期的、长时间的监测，以确定环境质量及污染源状况、评价控制措施的效果，衡量环境标准实施情况和环境保护工作的进展。这是监测工作中量最大、面最广的工作。

监视性监测包括对污染源的监督监测（污染物浓度、排放总量、污染趋势等）和环境质量监测（所在地区的空气、水质、噪声、固体废物等监督监测）。

②特定目的监测

特定目的监测又称为特例监测或应急监测，可分为以下四种。

A．污染事故监测

污染事故监测是在发生污染事故时进行应急监测，以确定污染物扩散方向、速度和危及范围，为控制污染提供依据。这类监测常采用流动监测（车、船等）、简易监测、低空航测、遥感等手段。

B．仲裁监测

仲裁监测主要针对污染事故纠纷、环境法执行过程中所产生的矛盾进行监测。仲裁监测应由国家指定的具有权威的部门进行，以提供具有法律责任的数据（公证数据），供执法部门、司法部门仲裁。

C．考核验证监测

考核验证监测包括人员考核、方法验证和污染治理项目竣工时的验收监测。

D．咨询服务监测

咨询服务监测是为政府部门、科研机构、生产单位所提供的服务性监测。例如，建设新企业应进行环境影响评价，需要按评价要求进行监测。

③研究性监测

研究性监测又称为科研监测，是针对特定目的科学研究而进行的高层次的监测。例如，环境本底的监测及研究；有毒有害物质对从业人员的影响研究；为监测工作本身服务的科研工作的监测，如统一方法、标准分析方法的研究、标准物质的研制等。这类研究往往要求多学科合作进行。

（二）水质监测

我国目前的水资源不仅表现为数量严重不足，而且水体质量也越来越差，水质污染问题日益突出。水的质量状况日益受到人们的重视。为了达到了解、保护、管理和改善水体质量的目的，必须对影响水体质量的物质的形态、性质和含量进行有计划的调查研究和监测，以便得到明确的认识，进而有助于利用立法、经济、教育、行政和技术等手段，有效地控制水体污染。因此，水质监测是进行水污染防治和水资源保护的基础，是贯彻执行水环境保护法规和实施水质管理的依据。

水质监测分为环境水体监测和水污染源监测，环境水体包括地表水（江、河、湖、库、海洋）和地下水。水污染源包括工业废水、生活污水、医院污水等。水质监测的目的可以概括为以下几个方面。

提供代表水质质量现状的数据，供评价水体环境质量使用；确定水中污染物的时空分布规律，追溯污染物的来源、污染途径、迁移转化和消长规律，预测水体污染的变化；判断水污染对环境生物和人体健康的影响，评价污染防治措施的实际效果，为制定有关法规、水质标准等提供科学依据；为建立和验证水质模型提供依据；为进一步开展水环境及其污染的理论研究提供依据。

水质监测的主要内容有水质监测方案制定、确定监测项目、监测网点布设、样品采集与保存、水质分析、数据处理及编制监测报告等。水质分析就是利用化学或物理的方法测定水中杂质的种类和数量，这是水质监测的重要内容，也是水质监测的基础。

水质评价是水环境质量评价的简称，是根据水体的用途，按照一定的评价参数、质量标准和评价方法，对水体进行定性和定量评定的过程。水质评价是水资源保护工作的重要组成部分，它是一个综合性强、涉及面广的新兴学科。水质评价可分为现状评价和影响评价等多种类型。

第二节 水质指标和水质标准

一、水质指标

（一）水质指标概述

水质指标是衡量水中杂质的标度，能具体表示出水中杂质的种类和数量，是水质评价的重要依据。

水质指标种类繁多，在百种以上。其中有些水质指标就是水中某一种或某一类杂质的含量，直接用其浓度来表示，如汞、铬、硫酸银、六六六等的含量；有些水质指标是利用某一类杂质的共同特性来间接反映其含量，如用耗氧量、化学需氧量、生化需氧量等指标来间接表示有机污染物的种类和数量；有些水质指标是与测定方法有关的，带有人为性，如浑浊度、色度等是按规定配制的标准溶液作为衡量尺度的。水质指标也可分为物理指标、化学指标和微生物学指标三大类。

1. 物理指标

反映水的物理性质的一类指标统称物理指标。常用的物理指标有温度、浑浊度、色度、嗅味、固体含量、电导率等。

2. 化学指标

反映水的化学成分和特性的一类指标统称化学指标。常用的化学指标有以下几种类型。

表示水中离子含量的指标，如硬度表示钙镁离子的含量，pH值反映氢离子的浓度等；表示水中溶解气体含量的指标，如二氧化碳、溶解氧等；表示水中有机物含量的指标，如耗氧量、化学需氧量、生化需氧量、总需氧量、总有机碳、含氮化合物等；表示水中有毒物质含量的指标，有毒物质分为两类，一类是无机有毒物，如汞、铅、铜、锌、铬等重金属离子和砷、硒、氧化物等非金属有毒物；另一类是有机有毒物，如酚类化合物、农药、取代苯类化合物、多氯联苯等。

3. 微生物学指标

反映水中微生物的种类和数量的一类指标统称微生物学指标。常用的微生物学指标有细菌总数、总大肠菌群等。

（二）几个重要的水质指标

浊度：水中悬浮物对光线透过时所发生的阻碍程度。浊度是由于水中含有泥沙、有机物、无机物、浮游生物和其他微生物等杂质所造成的，是天然水和饮用水的一个重要水质指标。测定浊度的方法有分光光度法、目视比浊法、浊度计法等。

碱度：水中能与强酸发生中和作用的物质的总量。这类物质包括强碱、弱碱、强碱弱酸盐等。天然水中的碱度主要是由重碳酸盐、碳酸盐与氢氧化物引起的，其中重碳酸盐是水中碱度的主要形式。引起碱度的污染源主要是造纸、印染、化工、电镀等行业排放的废水及洗涤剂、化肥与农药在使用过程中的流失。碱度常用于评价水体的缓冲能力及金属在其中的溶解性与毒性等。

酸度：水中能与强碱发生中和作用的物质的总量。这类物质包括无机酸、有机酸、强酸弱碱盐等。地面水中，由于溶入二氧化碳或被机械、选矿、电镀、农药、印染、化工等行业排放的废水污染，因此，使水体 pH 值降低，破坏了水生生物与农作物的正常生活及生长条件，造成鱼类死亡、作物受害。酸度是衡量水体水质的一项重要指标。

硬度：水中某些离子在水被加热的过程中，由于蒸发浓缩会形成水垢，常将这些离子的浓度称为硬度。对于天然水而言，这些离子主要是指钙离子和镁离子，其硬度就是钙离子和镁离子的含量。硬度有总硬度、钙硬度、镁硬度、碳酸盐硬度（暂时硬度）、非碳酸盐硬度（永久硬度）等表示方式。

悬浮物：又称总不可滤残渣，指水样用 $0.45\,\mu m$ 滤膜过滤后，留在过滤器上的物质，于 $103\sim105\,℃$ 烘至恒重所得到的物质的质量，用 SS 表示，单位 mg。它包括不溶于水的泥沙、各种污染物、微生物及难溶无机物等。悬浮物含量是指单位水样体积中所含悬浮物的量，单位为 mg/L。

溶解氧：指溶解在水中的分子态氧，用 DO 表示，单位为 mg/L。水中溶解氧的含量与大气压、水温及含盐量等因素有关。大气压下降、水温升高、含盐量增加，都会导致溶解氧含量减低。一般清洁的河流，溶解氧接近饱和值，当有大量藻类繁殖时，溶解氧可能过饱和；当水体受到有机物质、无机还原物质污染时，会使溶解氧含量降低，甚至趋于零，此时厌氧细菌繁殖活跃，水质恶化。水中溶解氧低于 3mg/L 时，许多鱼类呼吸困难，严重者窒息死亡。溶解氧是表示水污染状态的重要指标之一。

化学需氧量：在一定的条件下，以重铬酸钾为氧化剂，氧化水中的还原性物质所消耗氧化剂的量，结果折算成氧的量，用 COD 表示，单位为 mg/L。

细菌总数：1 mL 水样在营养琼脂培养基中，在 37 ℃下经 24 h 培养后，所生长的细菌菌落的总数，称为细菌总数，单位为个 /mL。

二、水质标准

（一）环境标准

环境标准是标准中的一类，它为了保护人群健康、防治环境污染、促使生态良性循环，同时又合理利用资源，促进经济发展，依据环境保护法和有关政策，对有关环境的各项工作，如有害成分含量及其排放源规定的限量阈值和技术规范做出规定。环境标准是政策、法规的具体体现。

1. 环境标准的作用

环境标准既是环境保护和有关工作的目标，又是环境保护的手段。它是制订环境保护规划和计划的重要依据。

环境标准是判断环境质量和衡量环保工作优劣的准绳。评价一个地区环境质量的优劣，评价一个企业对环境的影响，只有与环境标准相比较才能实现。

环境标准是执法的依据。不论是环境问题的诉讼、排污费的收取、污染治理的目标等执法的依据都是环境标准。

环境标准是组织现代化生产的重要手段和条件。通过实施标准可以制止任意排污，促使企业对污染进行治理和管理，采用先进的无污染、少污染工艺，进行设备更新，综合利用资源和能源等。

总之，环境标准是环境管理的技术基础。

2. 环境标准的分类和分级

我国环境标准分为环境质量标准、污染物排放标准（或污染控制标准）、环境基础标准、环境方法标准、环境标准物质标准和环保仪器、设备标准六类。

环境标准从级别上分为国家标准和地方标准两级，其中环境基础标准、环境方法标准和环境标准物质标准等只有国家标准，并尽可能与国际标准接轨。

下面具体介绍我国这六类环境标准。

（1）环境质量标准

环境质量标准是为了保护人类健康、维持生态良性平衡和保障社会物质财富，并考虑技术经济条件、对环境中有害物质和因素所做的限制性规定。它是衡量环境质量的依据、环保政策的目标、环境管理的依据，也是制定污染物控制标准的基础。

（2）污染物排放标准

污染物排放标准是为了实现环境质量目标，结合技术经济条件和环境特点，对排入环境的有害物质或有害因素所做的控制规定。由于我国幅员辽阔，各地情况差别较大，因此不少省市制定了地方排放标准，但应该符合以下两点：一是国家标准中所没有规定的项目；二是地方标准应严于国家标准，以起到补充、完善的作用。

（3）环境基础标准

环境基础标准是指在环境标准化工作范围内，对有指导意义的符号、代号、指南、程序、规范等所做的统一规定，是制定其他环境标准的基础。

（4）环境方法标准

环境方法标准是在环境保护工作中以试验、检查、分析、抽样、统计计算为对象制定的标准。

（5）环境标准物质标准

环境标准物质是在环境保护工作中，用来标定仪器、验证测量方法、进行量值传递或质量控制的材料或物质。对这类材料或物质必须达到的要求所做的规定称为环境标准物质标准。

（6）环保仪器、设备标准

该标准为了保证污染治理设备的效率和环境监测数据的可靠性和可比性，对环境保护仪器、设备的技术要求所做的规定。

（二）水质标准

水质标准是根据各用户的水质要求和废水排放容许浓度，对一些水质指标做出的定量规定。水质标准是环境标准的一种，是水质监测与评价的重要依据。目前我国已经颁布的水质标准包括水环境质量标准和水排放标准，主要标准如下所示。

水环境质量标准：《地表水环境质量标准》（GB 3838—2002）、《生活饮用水卫生标准》（GB 5749—85）、《地下水质量标准》（GB/T 14848—2017）、《海水水质标准》（GB 3097—1997）、《渔业水质标准》（GB 11607—89）、《农田灌溉水质标准》（GB 5084—2021）等。

排放标准：《污水综合排放标准》（GB 8978—1996）、《城镇污水处理厂污染物排放标准》（GB 18918—2002）、《医疗机构水污染物排放标准》（GB 18466—2005）和一批工业水污染物排放标准，如《钢铁工业水污染物排放标准》（GB 13456—2012）、《制浆造纸工业水污染物排放标准》（GB 3544—2008）、《石油炼制工业污染物排放标准》（GB 31570—2015）、《纺织染整工业水污染物排放标准》（GB 4287—2012）等。

根据技术、经济及社会发展情况，环境标准通常几年修订一次。但每个标准的标准号通常是不变的，仅改变发布年份，新标准自然代替老标准。环境质量标准和排放标准一般也有配套的测定方法标准，以便于执行。

第三节　质量控制与数据处理

一、监测过程质量保证和质量控制

（一）质量保证和质量控制的意义及内容

在水质监测过程中，由于监测对象较复杂，时间、空间分布广泛，污染物易受物理、化学及生物等因素的影响，待测组分的浓度范围变化大，而且测定结果还与样品采集的时间、空间有关，不易准确测量。因此，水质监测工作由一系列环节组成，特别在大规模的环境调查中，常需要在同一时间内，多个实验室同时测定，这就要求在整个监测过程中各个实验室所提供的数据要具有准确性和可比性，否则任何一个出现问题都会直接或间接影响测定结果的准确度。

水质监测质量控制是水质监测中十分重要的技术工作和管理工作。质量控制是一种保证监测数据准确可靠的方法，也是科学管理实验室和监测系统的有效措施，它可以保证数据质量，使不同操作人员、不同实验室所提供的监测数据建立在可靠、有用的基础上。水质监测质量控制是对整个监测过程实施全面的质量管理，包括制订计划，根据需要和可能确定监测指标及数据的质量要求，规定相应的分析监测系统。其主要内容有采样，样品预处理、储存、运输、实验室供应，仪器设备、器皿的选择和校准，试剂、溶剂和基准物质的选用，统一测定方法，质量控制程序，数据的记录和整理，各类人员的要求和技术培训，实验室的清洁度和安全，以及编写有关的文件、指南和手册等。

水质监测质量控制包括实验室内部质量控制和外部质量控制（实验室间质量控制）两个部分。实验室内部质量控制是实验室自我控制质量的常规程序，它能反映监测分析过程中质量稳定性情况，以便及时发现分析中出现的异常，随时采取相应的校正措施。其内容包括空白试验、校准曲线核查、仪器设备的定期标定、平行样分析、加标样分析、密码样分析和编制质量控制图等。外部质量控制通常是由常规监测以外的中心监测站或其他有经验的人员来检查各实验室是否存在系统误差，以便对数据质量进行独立评价。各实验室可以从中发现所存在的系统误差等问题，以便及时校正，提高监测质量，增强各实验室监测数据的可比性。实验室间的质量控制应在各实验室认真执行内部质量控制程序的基础上进行。常用的方法有分析标准样品、进行实验室之间的评价和分析测量系统的现场评价等。

监测的质量控制过程是一个环境监测实验室监测水平的重要标志，已经在国内外引起了广泛重视。按照国际规范要求，我国为不断提高技术和管理水平组成的中国实验室国家认可委员会，大大推动了环境监测质量控制过程。认可委员会的认可内容主要有：检测结果的公正性、质量方针与目标、组织与管理，如组织机构、技术委员会、质量监督网、权力委派；防止不恰当干扰，保护委托人机密和所有权，比对和能力验证计划；质量体系、审核与评审。检测样品的代表性、有效性和完整性将直接影响检测结果的准确度，因此必须对抽样过程、样品的接收、流转、储存、处置以及样品的识别等各个环节实施有效的质量控制。这是在实验室认可中特别强调的内容。

（二）质量控制的有关术语

1. 准确度

准确度就是用一个特定分析程序所获得的分析结果（单次测定值和重复测定值的均值）与假定的或公认的真值之间的符合程度。它是反映该方法或系统存在的系统误差或偶然误差的综合指标，决定着测定结果的可靠性。准确度用绝对误差或相对误差表示。其评价方法常用加标回收和对照试验检验。

2. 精密度

精密度是指用特定的分析程序，在受控条件下重复分析均一样品所得测定值的一致程度，它反映分析方法或测量系统所存在随机误差的大小。可用极差、平均偏差、相对平均偏差、标准偏差和相对标准偏差来表示精密度大小，最常用的是标准偏差。

3. 灵敏度

灵敏度是指某种分析方法在一定条件下当被测物质浓度或含量改变一个单位时所引起的测量信号的变化程度。它可以用仪器的响应量或其他指示量与对应的待测物质的浓度或量之比来描述，因此常用标准曲线的斜率来度量灵敏度。灵敏度因实验条件而变。

4. 空白试验

空白试验又叫空白测定，其所加试剂和操作步骤与试验测定完全相同。空白试验应与试样测定同时进行，试样分析时仪器的响应值（如吸光度、峰高等）不仅是试样中待测物质的分析响应值，还包括所有其他因素，如试剂中杂质、环境及操作进程的玷污等的响应值。这些因素是经常变化的，为了了解它们对试样测定的综合影响，在每次测定时均应作空白试验，空白试验所得的响应值称为空白试验值。对试验用水有一定的要求，即其中待测物质浓度应低于方法的检出限。当空白试验值偏高时，应全面检查各种实验步骤中可能产生的问题，如空白试验用水、试剂的空白、量器和容器是否玷污、仪器的性能以及环境状况等。

5. 校准曲线

校准曲线是用于描述待测物质的浓度或量与相应的测量仪器的响应量或其他指示量之间的定量关系的曲线。校准曲线包括工作曲线（绘制校准曲线的标准溶液的分析步骤与样品分析步骤完全相同）和标准曲线（绘制校准曲线的标准溶液的分析步骤与样品分析步骤相比有所省略，如省略样品的前处理）。校准曲线的直线部分在检测中经常被用到，某一方法的校准曲线的直线部分所对应的待测物质浓度（或量）的变化范围，称为该方法的线性范围。

6. 检测限

检测限是指某一分析方法在给定的可靠程度内可以从样品中检测待测物质的最小浓度或最小量。所谓"检测"是指定性检测，即断定样品中确定存在有浓度高于空白的待测物质。

7. 测定限

测定限分为测定下限和测定上限。测定下限是指在测定误差能够满足预定要求的前提下，用特定方法准确地定量测定待测物质的最小浓度或量；测定上限是指在限定误差能够满足预定要求的前提下，用特定方法准确地定量测定待测物质的最大浓度或量。

8. 最佳测定范围

最佳测定范围也叫有效测定范围，指在限定误差能满足预定要求的前提下，特定方法的测定下限到测定上限之间的浓度范围。

9. 方法适用范围

方法适用范围是指某一特定方法检测下限至检测上限之间的浓度范围。显然，最佳测定范围应小于方法适用范围。

（三）误差

1. 真值

在某一时刻和某一状态（或位置）下，某事物的量表现出的客观值（或实际值）称为真值。实际应用的真值包括以下几点。

理论真值：如三角形内角之和等于180°。

约定真值：由国际单位制所定义的真值称为约定真值。

标准器（包括标准物质）的相对真值：高一级标准器的误差为低一级标准器或普通仪器误差的 1/5（或 1/20~1/3）时，则可以认为前者为后者的相对真值。

2. 误差及其分类

由于被测量的数据形式通常不能以有限位数表示，同时由于认识能力不足和科学技术水平的限制，使测量值与真值不一致，这种矛盾在数值上的表现即误差。任何测量结果都有误差，并存在于测量的全过程之中。

误差按其性质和产生原因，可分为系统误差、随机误差和过失误差。

（四）实验室内质量控制

实验室分析人员对分析质量进行自我控制的过程称为内部质量控制。一般通过分析和应用某种质量控制图或其他方法来控制分析质量。

对经常性的分析项目常用控制图来控制质量。质量控制图的基本原理由W.A.Shewart 提出。他指出：每一个方法都存在着变异，都受到时间和空间的影响，即使在理想的条件下获得的一组分析结果，也会存在一定的随机误差。但当某一个结果超出了随机误差的允许范围时，运用数理统计的方法，可以判断这个结果是不能信任的、异常的。质量控制图可以起到这种监测的仲裁作用。因此实验室内质量控制图是监测常规分析过程中可能出现误差，控制分析数据在一定的精密度范围内，以及保证常规分析数据质量的有效方法。

在实验室工作中，每一项分析工作都由许多操作步骤组成，测定结果的可信度受到许多因素的影响，如果对这些步骤、因素都建立质量控制图，这在实际工作中是无法做到的，因此分析工作的质量只能根据最终测量结果进行判断。

对经常性的分析项目，用控制图来控制质量，编制控制图的基本假设是，测定结果在受控的条件下具有一定的精密度和准确度，并按正态分布。以一个控制样品，用一种方法，由一个分析人员在一定时间内进行分析，累积一定数据。如果这些数据达到了规定的精密度、准确度（即处于控制状态），则根据其结果编制控制图。在以后的经常分析过程中，取每份（或多次）平行的控制样品随机地编入环境样品中一起分析，根据控制样品的分析结果，推断环境样品的分析质量。

（五）实验室间质量控制

对实验室间质量控制的主要目的是检查各实验室是否存在系统误差，找出误差来源，提高监测水平。这一工作通常由某一系统的中心实验室、上级机关或权威机构负责。

1. 实验室质量考核

由负责单位根据所要考核项目的具体情况，制定具体的实施方案。

（1）考核方案

考核方案包括质量考核测定项目、质量考核分析方法、质量考核参加单位、质量考核统一程序以及质量考核结果评定。

（2）考核内容

考核内容包括分析标准样品或统一样品、测定加标样品、测定空白平行、核查检测下限、测定标准系列、检查相关系数和计算回归方程、进行截距检验等。通过质量考核，最后由负责单位综合实验室的数据进行统计处理后做出评价予以公布。各实验室可以从中发现所有存在的问题并及时纠正。

工作中标准样品或统一样品应逐级向下分发，一级标准由国家环境监测总站将国家市场监管总局确认的标准物质分发给各省、自治区、直辖市的环境监测中心，作为环境监测质量保证的基准使用。二级标准由各省、自治区、直辖市的环境监测中心按规定配制并检验证明其浓度参考值、均匀度和稳定性，并经国家环境监测总站确认后，方可分发给各实验室作为质量考核的基准使用。

如果标准样品系列不够完备而有特定用途时，各省、自治区、直辖市在具备合格实验室和合格分析人员的条件下，可自行配置所需的统一样品分发给所属网站，供质量保证活动使用。各级标准样品或统一样品均应在规定要求的条件下保存，若有超过稳定期、失去保存条件、开封使用后无法或没有即时恢复原封装致使不能继续保存等情况应报废。

应使用统一的分析方法来减少系统误差，使数据具有可比性。在进行质量控制时，首先应从国家（或部门）规定的"标准方法"之中选定。当根据具体情况需选用"标准方法"以外的其他分析方法时，必须有该法与相应"标准方法"对几份样品进行比较实验，如果按规定判定无显著性差异，则可选用。

2. 实验室误差测验

在实验室间起支配作用的误差称为系统误差，为检查实验室间是否存在系统误差，误差的大小和方向以及对分析结果的可比性是否有显著影响，可不定期地对有关实验室进行误差测验，以发现问题并及时纠正。

（六）标准分析方法和分析方法标准化

1.标准分析方法

一个项目的测定往往有多种可供选择的分析方法，这些方法的灵敏度不同，对仪器和操作的要求也就不同；而且由于方法的原理不同，干扰因素也不同，甚至其结果的表示含义也不尽相同。当采用不同方法测定同一项目时就会产生结果不可比的问题，因此有必要对分析方法进行分析方法标准化。标准方法的选定首先要达到所要求的检出限度，其次能提供足够小的随机和系统误差，同时对各种环境样品能得到相近的准确度和精密度。当然也要考虑技术、仪器的现实条件和推广的可能性等因素。

标准分析方法又称分析方法标准，是技术标准中的一种，是权威机构对某项分析所做的统一规定的技术准则和各方面共同遵守的技术依据，它必须满足以下条件。

一是按照规定的程序编制；

二是按照规定的格式编写；

三是方法的成熟性得到公认；

四是由权威机构审批和发布。

编制和推行标准分析方法的目的是为了保证分析结果的重复性、再现性和准确性，不但要求同一实验室的分析人员分析同一样品的结果要一致，而且要求不同实验室的分析人员分析同一样品的结果也要一致。

2.分析方法标准化

标准是标准化活动的结果，标准化工作是一项具有高度政策性、经济性、技术性、严密性和连续性的工作，开展这项工作必须建立严密的组织机构。由于这些机构所从事工作的特殊性，要求它们的职能和权限也必须受到标准化条例的约束。

国外标准化工作的一般程序如下。

第一，由一个专家委员会根据需要选择方法，确定准确度、精密度和检测限指标。

第二，由专家委员会指定一个任务组（通常是有关的中央实验室负责）。任务组负责设计实验方案，编写详细的实验程序，制备和分发实验样品和标准物质。

第三，任务组负责抽选 6~10 人参加实验室工作，其主要任务是熟悉任务组提供的实验步骤和样品，并按任务要求进行测定，将测定结果写成报告，交给任务组。

第四，任务组整理各实验室报告，如果各项指标均达到设计要求，则上报权威机构出版公布；如达不到预定指标，则需修正实验方案，重新做实验，直到达到预定指标为止。

（七）监测实验室间的协作实验

协作实验是指为了一个特定的目的和按照预定的程序所进行的合作研究活动。协作实验可用于分析方法标准化、标准物质浓度定值、实验室间分析结果争议的仲裁和分析人员技术评定等各项工作。

分析方法标准化协作实验是为了确定拟作为标准的分析方法在实际应用的条件下可以达到的精密度和准确度，制定实际应用中分析误差的允许界限，用来作为方法选择、质量控制和分析结果仲裁的依据和标准。

二、数据处理和常用方法

（一）有效数据与修约规则

1. 有效数字

有效数字是指实际上能够测到的数字。一般由可靠数字和可疑数字两部分组成。在反复测量一个量时，其结果总是有几位数字固定不变，这几位数字就是可靠数字。可靠数字后面出现的数字在各次单一测定中常常是不同的、可变的。这些数字缺乏准确性，往往是通过操作人员估计得到的，因此为可疑数字。

有效数字位数的确定方法为：从可疑数字算起，到该数的左起第一个非零数字的数字个数称为有效数字的位数。

2. 有效数字的修约规则

在数据记录和处理过程中，往往会遇到一些精密度不同或位数较多的数据。由于测量中的误差会传递到结果中去，为不致引起错误并且使计算简化，可按修约规则对数据进行保留和修约。

（二）可疑数据的取舍

由于偶然误差的存在，实际测定的数据总是有一定的离散性。其中偏离较大的数据可能是由未发现原因的过失误差所引起的。若保留，势必影响所得平均值的可靠性，并会产生较大偏差；若随意舍去，则有人为挑选满意的数据之嫌，与实事求是的科学态度相违背。

第五章　水资源保护

第一节　水资源保护概述

水是生命的源泉，它滋润了万物，哺育了生命。我们赖以生存的地球有70%被水覆盖，而这其中又有97%为海水，与我们生活关系最为密切的淡水，只有3%，而淡水中又有70%~80%为冰川淡水，目前很难利用。因此，我们能利用的淡水资源是十分有限的，并且受到污染的威胁。

中国水资源分布存在如下特点：总量不丰富，人均占有量更低；地区分布不均，水土资源不相匹配；年内年际分配不匀，旱涝灾害频繁。而水资源开发利用中的供需矛盾日益加剧。首先是农业干旱缺水，随着经济的发展和气候的变化，中国农业，特别是北方地区农业干旱缺水状况加重，干旱缺水成为影响农业发展和粮食安全的主要制约因素。其次是城市缺水，中国城市缺水，特别是改革开放以来，城市缺水愈来愈严重；同时，农业灌溉造成水的浪费，工业用水浪费也很严重，城市生活污水浪费惊人。

目前，我国的水资源环境污染已经十分严重，根据我国生态环境部的有关报道：我国的主要河流有机污染严重，水源污染日益突出。大型淡水湖泊中大多数湖泊处于富营养状态，水质较差。另外，全国大多数城市的地下水受到污染，局部地区的部分指标超标。由于一些地区过度开采地下水，导致地下水位下降，引发地面的坍塌、沉陷、地裂缝和海水入侵等地质问题，并形成地下水位降落漏斗。

农业、工业和城市供水需求量不断提高导致有限的淡水资源更为紧张。为了避免水危机，我们必须保护水资源。水资源保护是指为防止因水资源不恰当利用造成的水源污染和破坏而采取的法律、行政、经济、技术、教育等措施的总和。水资源保护的主要内容包括水量保护和水质保护两个方面。在水量保护方面，主要是对水资源进行统筹规划、涵养水源、调节水量、科学用水、节约用水、建设节水型工农业和节水型社会。在水质保护方面，主要是制定水质规划，提出防治措施。具体工作内容是制定水环境保护法规和标准；进行水质调查、监测与评价；研究水体中污染物质迁移、污染物质转化和污染物质降解与水体自净作用的规律；建立水质模型，制定水环境规划；实行科学的水质管理。

水资源保护的核心是根据水资源时空分布、演化规律，调整和控制人类的各种取用水行为，使水资源系统维持一种良性循环的状态，以达到水资源的可持续利用。水资源保护不是以恢复或保持地表水、地下水天然状态为目的的活动，而是一种积极的、促进水资源开发利用更合理、更科学的问题。水资源保护与水资源开发利用是对立统一的，两者既相互制约，又相互促进。保护工作做得好，水资源才能可持续开发利用；开发利用科学合理了，也就达到了保护的目的。

水资源保护工作应贯穿在人与水的各个环节中。从更广泛的意义上讲，正确客观地调查、评价水资源，合理地规划和管理水资源，都是水资源保护的重要手段，因为这些工作是水资源保护的基础。从管理的角度来看，水资源保护主要是"开源节流"、防治和控制水源污染。它一方面涉及水资源、经济、环境三者平衡与协调发展的问题，另一方面还涉及各地区、各部门、集体和个人用水利益的分配与调整。这里面既有工程技术问题，也有经济学和社会学问题。同时，还需要广大群众积极响应，共同参与。就这一点来说，水资源保护也是一项社会性的公益事业。

第二节　水的基本性质与组成

一、水的基本性质

（一）水的分子结构

水分子是由一个氧原子和两个氢原子通过共价键键合所形成。通过对水分子结构的测定分析，两个 O—H 键之间的夹角为 104.5°，H—O 键的键长为 96pm。由于氧原子的电负性大于氢原子，O—H 的成键电子对更趋向于氧原子而偏离氢原子，从而氧原子的电子云密度大于氢原子，使得水分子具有较大的偶极矩，是一种极性分子。水分子的这种性质使得自然界中具有极性的化合物容易溶解在水中。水分子中氧原子的电负性大，O—H 的偶极矩大，使得氢原子部分正电荷可以把另一个水分子中的氧原子吸引到很近的距离形成氢键。水分子间氢键能为 18.81 kJ/mol，约为 O—H 共价键的 1/20 氢键的存在，增强了水分子之间的作用力。冰融化成水或者水汽化生成水蒸气，都需要环境中吸收能量来破坏氢键。

（二）水的物理性质

水是一种无色、无味、透明的液体，主要以液态、固态、气态三种形式存在。水本身也是良好的溶剂，大部分无机化合物可溶于水。由于水分子之间氢键的存在，使水具有许多不同于其他液体的物理、化学性质，从而决定了水在人类生命过程和生活环境中无可替代的作用。

1. 固（熔）点和沸点

在常压条件下，水的凝固点为 0 ℃，沸点为 100 ℃。水的凝固点和沸点与同一主族元素的其他氢化物熔点、沸点的递变规律不相符，这是由于水分子间存在氢键的作用。水的分子间形成的氢键会使物质的熔点和沸点升高，这是因为固体熔化或液体汽化时必须破坏分子间的氢键，从而需要消耗较多能量的缘故。水的沸点会随着大气压力的增加而升高，而水的凝固点随着压力的增加而降低。

2. 密度

在大气压条件下，水的密度在 4 ℃时最大，为 $1 \times 10^3 \, kg/m^3$，温度高于 4 ℃时，水的密度随温度升高而减小，在 0~4 ℃时，密度随温度的升高而增加。

水分子之间能通过氢键作用发生缔合现象。水分子的缔合作用是一种放热过程，温度降低，水分子之间的缔合程度增大。当温度 ≤ 0 ℃，水以固态的冰的形式存在时，水分子缔合在一起成为一个大的分子。冰晶体中，水分子中的氧原子周围有四个氢原子，水分子之间构成了一个四面体状的骨架结构。冰的结构中有较大的空隙，所以冰的密度反而比同温度的水小。当冰从环境中吸收热量，融化生成水时，冰晶体中一部分氢键开始发生断裂，晶体结构崩溃，体积减小，密度增大。当继续升高温度时，水分子间的氢键被进一步破坏，体积进而继续减小，使得密度增大；同时，温度的升高增加了水分子的动能，分子振动加剧，水具有体积增加而密度减小的趋势。在这两种因素的作用下，水的密度在 4 ℃时最大。

水的这种反常的膨胀性质对水生生物的生存发挥了重要的作用。因为在寒冷的冬季，河面的温度可以降低到冰点或者更低，这是不适合动植物生存的。当水结冰的时候，冰的密度小，浮在水面，4℃的水由于密度最大，而沉降到河底或者湖底，可以确保水下生物的生存。而当天暖的时候，冰在上面也是最先融化。

3. 高介电常数

水的介电常数在所有的液体中是最高的，可使大多数蛋白质、核酸和无机盐在其中溶解并发生最大限度的电离。这对营养物质的吸收和生物体内各种生化反应的进行具有重要意义。

4. 水的依数性

水的稀溶液中，溶质微粒数与水分子数的比值的变化会导致水溶液的蒸汽压、凝固点、沸点和渗透压发生变化。

5. 透光性

水是无色透明的，太阳光中可见光和波长较长的近紫外光部分可以透过，使水生植物光合作用所需的光能够到达水面以下的一定深度，而对生物体有害的短波远紫外光则几乎不能通过。这在地球上生命的产生和进化过程中起到了关键性的作用，对生活在水中的各种生物具有至关重要的意义。

（三）水的化学性质

1. 水的化学稳定性

在常温常压下，水是化学稳定的，很难分解产生氢气和氧气。在高温和催化剂存在的条件下，水会发生分解，同时电解也是水分解的一种常用方式。水在直流电作用下，分解生成氢气和氧气，工业上用此法制造纯氢和纯氧。

2. 水合作用

溶于水的离子和极性分子能够与水分子发生水合作用，相互结合，生成水合离子或者水合分子。这一过程属于放热过程。水合作用是物质溶于水时必然发生的一个化学过程，只是不同的物质水合作用方式和结果不同。

3. 水的电离

水能够发生微弱的电离，产生 H^+ 和 HO^- 纯净水的pH值理论上为7，天然水体的pH值一般为6~9。水体中同时存在 H^+ 和 HO^- 呈现出两性物质的特性。

4.水解反应

物质溶于水所形成的金属离子或者弱酸根离子能够与水发生水解反应，弱酸根离子发生水解反应。

二、水的组成

水是由氢元素和氧元素组成的，一个水分子由两个氢原子和一个氧原子构成，化学式为 H_2O。

（一）水的分类

水在形成和迁移的过程中与许多具有一定溶解性的物质相接触，由于溶解和交换作用，使得水体富含有各种化学组分。水体所含有的物质主要包括无机离子、溶解性气体、微量元素、水生生物、有机物以及泥沙和黏土等。

（二）水的作用

水体在形成和迁移的过程中不断地与周围环境相互作用，其化学成分组成也多种多样，这就需要采用某种方式对水体进行分类，从而反映水体水质的形成和演化过程，为水资源的评价、利用和保护提供依据。

第三节　水体污染

一、水体污染及主要污染物

（一）水体污染

水体污染主要是由于人类排放的各种外源性物质进入水体后，导致其化学、物理、生物或者放射性等方面的特性发生改变，超出了水体本身自净作用所能承受的范围，造成水质恶化的现象。

（二）污染源

造成水体污染的因素是多方面的，如向水体排放未经妥善处理的城市污水和工业废水；施用化肥、农药及城市地面的污染物被水冲刷而进入水体；随大气扩散的有毒物质通过重力沉降或降水过程而进入水体等。

按照污染源的成因进行分类，可以分为自然污染源和人为污染源两类。自然污染源是因自然因素引起污染的，如某些特殊地质条件（特殊矿藏、地热等）、火山爆发等。由于现代人们还无法完全对许多自然现象实行强有力的控制，因此也难控制自然污染源。人为污染源是指由人类活动所形成的污染源，包括工业、农业和生活等所产生的污染源。人为污染源是可以控制的，但是不加控制的人为污染源对水体的污染远比自然污染源所引起的水体污染程度严重。人为污染源产生的污染频率高、数量大、种类多、危害深，是造成水环境污染的主要因素。

按污染源的存在形态进行分类，可以分为点源污染和面源污染。点源污染是以点状形式排放造成二次水体污染，如工业生产水和城市生活污水。它的特点是排污覆盖面大，污染物量多且成分复杂，依据工业生产废水和城市生活污水的排放规律，具有季节性和随机性，对其可以直接测定或者定量化，其影响可以直接评价。而面源污染则是以面积形式分布和排放污染物而造成二次水体污染，如城市地面、农田、林田等。面源污染的排放是以扩散方式进行的，时断时续，并与气象因素有联系，其排放量不易调查清楚。

二、水体自净

污染物随污水排入水体后，经过物理、化学与生物的作用，使污染物的浓度降低，受污染的水体部分或完全恢复到受污染前的状态，这种现象称为水体自净。

（一）水体自净作用

水体自净过程非常复杂，按其机理可分为物理净化作用、化学及物理化学净化作用和生物净化作用。水体的自净过程是三种净化过程的综合，其中以生物净化过程为主。水体的地形和水文条件、水中微生物的种类和数量、水温和溶解氧的浓度、污染物的性质和浓度都会影响水体自净过程。

1.物理净化作用

物理净化过程是指水体中的污染物质由于稀释、扩散、挥发、沉淀等物理作用而使水体污染物质浓度降低的过程，其中稀释作用是一项重要的物理净化过程。

2. 化学及物理化学作用

化学及物理化学净化作用是指水体中污染物通过氧化、还原、吸附、酸碱中和等反应而使其浓度降低的过程。

3. 生物净化作用

生物净化作用是指由于水生生物的活动，特别是微生物对有机物的代谢作用，使污染物的浓度降低的过程。

影响水体自净能力的主要因素有污染物的种类和浓度、溶解氧、水温、流速、流量、水生生物等。当排放至水体中的污染物浓度不高时，水体能够通过水体自净功能使水体的水质部分或者完全恢复到受污染前的状态。但是当排入水体的污染物的量很大时，在没有外界干涉的情况下，有机物的分解会造成水体严重缺氧，形成厌氧条件，在有机物的厌氧分解过程中会产生硫化氢等有毒臭气。水中溶解氧是维持水生生物生存和净化能力的基本条件，往往也是衡量水体自净能力的主要指标。水温影响水中饱和溶解氧浓度和污染物的降解速率。水体的流量、流速等水文水力学条件，直接影响水体的稀释、扩散能力和水体复氧能力。水体中的生物种类和数量与水体自净能力关系密切，同时也反映了水体污染自净的程度和变化趋势。

（二）水环境容量

水环境容量是指在不影响水的正常用途的情况下，水体所能容纳污染物的最大负荷量，因此又称为水体负荷量或纳污能力。水环境容量是制定地方性、专业性水域排放标准的依据之一，环境管理部门还利用它确定在固定水域到底允许排入多少污染物。水环境容量由两部分组成，一是稀释容量（也称差值容量），二是自净容量（也称同化容量）。稀释容量是由于水的稀释作用所致，水量起决定作用。自净容量是水的各种自净作用综合的去污容量。对于水环境容量，水体的运动特性和污染物的排放方式起决定作用。

第四节 水环境标准

一、水质标准

水质标准是由国家或地方政府对水中污染物或其他物质的最大容许浓度或最小容许浓度所做的规定，是对各种水质指标做出的定量规范。水质标准实际上是水的物理、化学和生物学的质量标准。为了保障人类健康和环境安全，世界各国有制定了自己的水质评价标准。我国的水质评价标准主要分为水环境质量标准、污水排放标准、饮用水水质标准、工业用水水质标准。

（一）水环境质量标准

目前，我国颁布并正在执行的水环境质量标准有《地表水环境质量标准》《海水水质标准》《地下水质量标准》等。

《地表水环境质量标准》将标准项目分为地表水环境质量标准项目、集中式生活饮用水地表水源地补充项目和集中式生活饮用水地表水源地特定项目。地表水环境质量标准基本项目适用于全国江河、湖泊、运河、渠道、水库等具有使用功能的地表水水域；集中式生活饮用水地表水源地补充项目和特定项目适用于集中式生活饮用水地表水源地一级保护区和二级保护区。《地表水环境质量标准》依据地表水水域环境功能和保护目标，按功能高低依次划分为五类。

Ⅰ类：主要适用于源头水、国家自然保护区。

Ⅱ类：主要适用于集中式生活饮用水地表水源地一级保护区、珍稀水生生物栖息地、鱼虾类产场、仔稚幼鱼的索饵场等。

Ⅲ类：主要适用于集中式生活饮用水地表水源地二级保护区、鱼虾类越冬场、洄游通道、水产养殖区等渔业水域及游泳区。

Ⅳ类：主要适用于一般工业用水区及人体非直接接触的娱乐用水区。

Ⅴ类：主要适用于农业用水区及一般景观要求水域。

对应地表水上述五类水域功能，将地表水环境质量标准基本项目标准值分为五类，不同功能类别分别执行相应类别的标准值。水域功能类别高的标准值严于水域功能类别低的标准值。同一水域兼有多类使用功能的，执行最高功能类别对应的标准值。

《海水水质标准》规定了海域各类使用功能的水质要求。该标准按照海域的不同使用功能和保护目标，把海水水质分为四类。

Ⅰ类：适用于海洋渔业水域，海上自然保护区和珍稀濒危海洋生物保护区。

Ⅱ类：适用于水产养殖区、海水浴场、人体直接接触海水的海上运动或娱乐区，以及与人类食用直接有关的工业用水区。

Ⅲ类：适用于一般工业用水、海滨风景旅游区。

Ⅳ类：适用于海洋港口水域、海洋开发作业区。

《地下水质量标准》适用于一般地下水，不适用于地下热水、矿水、盐卤水。根据我国地下水水质现状、人体健康基准值及地下水质量保护目标，并参照生活饮用水、工业用水水质要求，将地下水质量划分为五类。

Ⅰ类：主要反映地下水化学组分的天然低背景含量，适用于各种用途。

Ⅱ类：主要反映地下水化学组分的天然背景含量，适用于各种用途。

Ⅲ类：以人体健康基准值为依据，主要适用于集中式生活饮用水水源及工农业用水。

Ⅳ类：以农业和工业用水要求为依据，除适用于农业和部分工业用水外，适当处理后可作为生活饮用水。

Ⅴ类：不宜饮用，其他用水可根据使用目的选用。

（二）污水排放标准

为了控制水体污染，保持江河、湖泊、运河、渠道、水库和海洋等地面水以及地下水水质的良好状态，保障人体健康，维护生态环境平衡，国家颁布了《污水综合排放标准》和《城镇污水处理厂污染物排放标准》等污水综合排放标准。根据受纳水体的不同划分为三级标准。排入未设置二级污水处理厂的城镇排水系统的污水，必须根据排水系统出水受纳水域的功能要求，执行上述相应的规定。该标准将污染物按照其性质及控制方式分为两类；第一类污染物不分行业和污水排放方式，也不分受纳水体的功能类别，一律在车间或车间处理设施排放口采样，最高允许浓度必须达到该标准要求；第二类污染物在排污单位排放口采样，其最高允许排放浓度必须达到本标准要求。

《城镇污水处理厂污染物排放标准》规定了城镇污水处理厂出水废气排放和污泥处置（控制）的污染物限值，适用于城镇污水处理厂出水、废气排放和污泥处置（控制）的管理。该标准根据污染物的来源及性质，将污染物控制项目分为基本控制项目和选择控制项目两类。根据城镇污水处理厂排入地表水域环境功能和保护目标，以及污水处理厂的处理工艺，将基本控制项目的常规污染物标准值分为一级标准、二级标准、三级标准。一级标准分为 A 标准和 B 标准。一类重金属污染物和选择控制项目不分级。

（三）生活饮用水水质标准

《生活饮用水卫生标准》规定了生活饮用水水质卫生要求、生活饮用水水源水质卫生要求、集中式供水单位卫生要求、二次供水卫生要求、涉及生活饮用水卫生安全产品卫生要求、水质监测和水质检验方法。

该标准主要从以下几方面考虑保证饮用水的水质安全：生活饮用水中不得含有病原微生物；饮用水中化学物质不得危害人体健康；饮用水中放射性物质不得危害人体健康；饮用水的感官性状良好；饮用水应经消毒处理；水质应该符合生活饮用水水质常规指标及非常规指标的卫生要求。该标准项目共计106项，其中感官性状指标和一般化学指标20项、饮用水消毒剂4项、毒理学指标74项、微生物指标6项、放射性指标两项。

（四）农业用水与渔业用水

农业用水主要是灌溉用水，要求在农田灌溉后和水中的各种盐类被植物吸收后，不会引发食物中毒或造成其他不利影响，并且其含盐量不得过多，否则会导致土壤盐碱化。渔业用水除保证鱼类的正常生存、繁殖以外，还要防止有毒有害物质通过食物链在水体内积累、转化而导致食用者中毒。相应地，国家制定颁布了《农田灌溉水质标准》和《渔业水质标准》。

第五节　水资源保护措施

一、加强节约用水管理

依据《中华人民共和国水法》和《中华人民共和国水污染防治法》对有关节约用水的规定，对节约用水管理应从四个方面抓好落实。

（一）落实建设项目节水"三同时"制度

节水"三同时"制度即新建、扩建、改建的建设项目，应当制定节水措施方案并配套建设节水设施；节水设施与主体工程同时设计、同时施工、同时投产；今后新建、改建、扩建项目，先向水务部门报送节水措施方案，经审查同意后，项目主管部门才批准建设，项目完工后，对节水设施验收合格后才能投入使用，否则供水企业不予供水。

（二）大力推广节水工艺、节水设备和节水器具

新建、改建、扩建的工业项目，项目主管部门在批准建设和水行政主管部门批准取水许可时，以生产工艺达到省规定的取水定额要求为标准；对新建居民生活用水、机关事业及商业服务业等用水强制推广使用节水型用水器具，凡不符合要求的，不得投入使用。通过多种方式促进现有非节水型器具改造，对现有居民住宅供水计量设施全部实行户表外移改造，所需资金由地方财政、供水企业和用户承担，对新建居民住宅要严格按照"供水计量设施户外设置"的要求进行建设。

（三）调整农业结构，建设节水型高效农业

推广抗旱、优质农作物品种，推广工程措施、管理措施、农艺措施和生物措施相结合的高效节水农业配套技术，农业用水逐步实行计量管理、总量控制，实行节奖超罚的制度，适时开征农业水资源费，由工程节水向制度节水转变。

（四）启动节水型社会试点建设工作

重点抓好水权分配、定额制定、结构调整、计量监测和制度建设，通过用水制度改革，建立与用水指标控制相适应的水资源管理体制，大力开展节水型社区和节水型企业创建活动。

二、合理开发利用水资源

（一）严格限制自备井的开采和使用

已被划定为深层地下水严重超采区的城市，今后除为解决农村饮水困难确需取水的，不再审批开凿新的自备井；市区供水管网覆盖范围内的自备井，限时全部关停；对于公共供水不能满足用户需求的自备井，安装监控设施，实行定额限量开采，适时关停。

（二）贯彻水资源论证制度

国民经济和社会发展规划以及城市总体规划的编制，重大建设项目的布局，应与当地水资源条件相适应，并进行科学论证。项目取水先期进行水资源论证，论证通过后方能由项目主管部门立项。调整产业结构、产品结构和空间布局，切实做到以水定产业，以水定规模，以水定发展，确保用水安全，以水资源可持续利用支撑经济可持续发展。

（三）做好水资源优化配置

鼓励使用再生水、微咸水、汛期雨水等非传统水资源；优先利用浅层地下水，控制开采深层地下水，综合采取行政和经济手段，实现水资源优化配置。

三、加大污水处理力度，改善水环境

第一，根据《入河排污口监督管理办法》的规定，对现有入河排污口进行登记，建立入河排污口管理档案。此后设置入河排污口的，应当在向环境保护行政主管部门报送建设项目环境影响报告书之前，向水行政主管部门提出入河排污口提出申请，水行政主管部门审查同意后，合理设置。

第二，积极推进城镇居民区、机关事业及商业服务业等再生水设施建设。建筑面积在万平方米以上的居民住宅小区及新建大型文化、教育、宾馆、饭店设施，都必须配套建设再生水利用设施；没有再生水利用设施的在用大型公建工程，也要完善再生水配套设施。

第三，足额征收污水处理费。各省、市应当根据特定情况，制定并出台《污水处理费征收使用管理办法》。要加大污水处理费征收力度，为污水处理设施运行提供资金支持。

第四，加快城市排水管网建设，按照"先排水管网、后污水处理设施"的建设原则，加快城市排水管网建设。在新建设时，必须建设雨水管网和污水管网，推行雨污分流排水体系；并在城市道路建设改造的同时，对城市排水管网进行雨、污分流改造和完善，提高污水收水率。

四、深化水价改革，建立科学的水价体系

第一，利用价格杠杆促进节约用水、保护水资源。逐步提高城市供水价格，不仅包括供水合理成本和利润，还要包括户表改造费用、居住区供水管网改造等费用。

第二，合理确定非传统水源的供水价格。再生水价格以补偿成本和合理收益原则，结合水质、用途等情况，按城市供水价格的一定比例确定。要根据非传统水源的开发利用进展情况，及时制定合理的供水价格。

第三，积极推行"阶梯式水价（含水资源费）"。电力、钢铁、石油、纺织、造纸、啤酒、酒精七个高耗水行业，应当实施"定额用水"和"阶梯式水价（水资源费）"。水价分三级，级差为1：2：10。工业用水的第一级含量，按《省用水定额》确定，第二、三级水量为超出基本水量10（含）和10以上的水量。

五、加强水资源费征管和使用

第一，加大水资源费征收力度。征收水资源费是优化配置水资源、促进节约用水的重要措施。使用自备井（农村生活和农业用水除外）的单位和个人都应当按规定缴纳水资源费（含南水北调基金）。水资源费（含南水北调基金）主要用于水资源管理、节约、保护工作和南水北调工程建设，不得挪作他用。

第二，加强取水的科学管理工作，全面推动水资源远程监控系统建设、智能水表等科技含量高的计量设施安装工作，所有自备井都要安装计量设施，实现水资源计量、收费和管理科学化、现代化、规范化。

六、加强领导，落实责任，保障各项制度落实到位

水资源管理、水价改革和节约用水涉及面广、政策性强、实施难度大，各部

门要进一步提高认识，确保责任到位、政策到位。落实建设项目节水措施"三同时"和建设项目水资源论证制度，取水许可和入河排污口审批、污水处理费和水资源费征收、节水工艺和节水器具的推广都需要有法律、法规做保障，对违法、违规行为要依法查处，确保各项制度措施落实到位。要大力做好宣传工作，使人民群众充分认识到我国水资源面临的严峻形势，增强对水资源的忧患意识和节约意识，形成"节水光荣，浪费可耻"的良好社会风尚，形成共建节约型社会的合力。

第六章　水资源的综合利用

第一节　综合合理的利用水资源

水资源是一种特殊的资源，它对人类的生存和发展来讲是不可替代的物质。所以，对于水资源的利用，一定要注意水资源的综合性和永续性，也就是人们常说的水资源的综合利用和可持续利用。

水资源有多种用途和功能，如灌溉、发电、航运、供水、水产和旅游等，所以水资源的综合利用应考虑以下几个方面的内容。

第一，要从功能和用途方面考虑综合利用。

第二，单项工程的综合利用。例如，典型水利工程几乎都是综合利用水利工程。水利工程要实现综合利用，必须有不同功能的建筑物。这些建筑物群体就像一个枢纽，故称为水利枢纽。

第三，一个流域或一个地区，水资源的利用也应讲求综合利用。

第四，从水资源的重复利用角度来讲，要体现一水多用的思想。例如，水电站发电以后的水放到河道可供航运、引到农田可供灌溉等。

水是大气循环过程中可再生和动态的自然资源。应该对水资源进行多功能的综合利用和重复利用，以更好地取得社会、经济和环境的综合效益。

综合利用的基本原则如下：

第一，开发利用水资源要兼顾防洪、除涝、供水、灌溉、水力发电、水运、竹木流放、水产、水上娱乐及生态环境等方面的需要，但要根据具体情况，对其中一种或数种有所侧重。

第二，兼顾上下游、地区和部门之间的利益，综合协调，合理分配水资源。

第三，生活用水优先于其他一切目的的用水，水质较好的地下水、地表水优先用于饮用水。合理安排工业用水，安排必要的农业用水，兼顾环境用水，以适应社会经济稳步增长。

第四，合理引用地表水和开采地下水，以保护水资源的持续利用，防止水源枯竭和地下水超采，防止灌水过量引起土壤盐渍化，防止对生态环境产生不利影响。

第五，有效保护和节约使用水资源，厉行计划用水，实行节约用水。

第二节　水力发电

一、河川水能资源的基本开发方式

（一）坝式

这类水电站的特点是上下游水位差主要靠大坝形成，坝式水电站又分为坝后式水电站和河床式水电站两种形式。

（二）引水式

这类水电站的特点是上下游水位差主要靠引水形成。引水式水电站又分为无压引水式水电站和有压引水式水电站两种形式。

（三）混合式

在一个河段上，同时用坝和有压引水道结合起来共同集中落差的开发方式叫混合式开发。水电站所利用的河流落差一部分由拦河坝提高，另一部分由引水建筑物来集中以增加水头，坝所形成的水库又可调节水量，所以兼有坝式开发和引水式开发的优点。

（四）特殊式

这类水电站的特点是上下游水位差靠特殊方法形成。目前，特殊水电站主要包括抽水蓄能水电站和潮汐水电站两种形式。

1.抽水蓄能水电站

抽水蓄能发电是水能利用的另一种形式，它不是开发水力资源向电力系统提供电能，而是以水体作为能量储存和释放的介质，对电网的电能供给起到重新分配和调节作用。

电网中，火电厂和核电厂的机组带满负荷运行时效率高、安全性好。例如，大型火电厂机组出力不宜低于80%，核电厂机组出力不宜低于90%。频繁地开机停机及增减负荷不利于火电厂和核电厂机组的经济性和安全性，因此在凌晨电网用电低谷时，由于火电厂和核电厂机组不宜停机或减负荷，电网上会出现电能供大于求的情况。这时可启动抽水蓄能水电站中的可逆式机组接受电网的电能作为电动机－水泵运行，正方向旋转将下水库的水抽到上水库中，将电能以水能的形式储存起来；当白天电网用电达到高峰时，电网上会出现电能供不应求的情况，这时可用上水库推动可逆式机组反方向旋转，可逆式机组作为发电机－水轮机运行，这样可以大大改善电网的电能质量。

2. 潮汐水电站

在海湾与大海的狭窄处筑坝，隔离海湾与大海，涨潮时水库蓄水，落潮时海洋水位降低，水库放水，以驱动水轮发电机组发电。这种机组的特点是水头低、流量大。

潮汐电站一般有三种类型，即单库单向型（一个水库，落潮时放水发电）、单库双向型（一个水库，涨潮、落潮时都能发电）和双库单向型（利用两个始终保持不同水位的水库发电）。德国建成世界第一座实验性小型潮汐电站——布苏姆潮汐电站。中国浙江江厦潮汐电站装机容量3 200 kW，居世界第三位。世界上最大的潮汐电站是法国的朗斯潮汐电站，总装机容量为342 MW。

第三节　防洪与治涝

一、防洪

（一）洪水与洪水灾害

洪水是一种峰高量大、水位急剧上涨的自然现象。洪水一般包括江河洪水、城市暴雨洪水、海滨河口的风暴潮洪水、山洪、凌汛等。就发生的范围、强度、频次、对人类的威胁性而言，中国大部分地区以暴雨洪水为主。天气系统的变化是造成暴雨进而引发洪水的直接原因，而流域下垫面特征和兴修水利工程可直接或间接地影响洪水特征及其特性。洪水的变化具有周期性和随机性。洪水对环境系统会产生有利或不利影响，即洪水与其存在的环境系统是相互作用的。河道适时行洪可以延缓某些地区植被过快地侵占河槽，抑制某些水生植物过度有害生长，并为鱼类提供良好的产卵基地；洪水周期性地淹没河流两岸的岸边地带和洪泛区，为陆生植物群落生长提供水源和养料；为动物群落提供良好的觅食、隐蔽和繁衍栖息场所和生活环境；洪水携带泥沙淤积在下游河滩地，可造就富饶的冲积平原。

洪水所产生的不利后果会对自然环境系统和社会经济系统产生严重冲击，破坏自然生态系统的完整性和稳定性。洪水淹没河滩，突破堤防，淹没农田、房屋，毁坏社会基础设施，造成财产损失和人畜伤亡，对人群健康、文化环境造成破坏性影响，甚至干扰社会的正常运行。由于社会经济的发展，洪水的不利作用或危害已远远超过其有益的一面，洪水灾害已成为社会关注的焦点之一。

洪水给人类正常生活、生产活动和发展带来的损失和祸患称为洪灾。

（二）洪水防治

洪水是否成灾，取决于河床及堤防泄洪或防洪能力。如果河床泄洪能力强，堤防坚固，即使洪水坪较大，也不会泛滥成灾；反之，若河床浅窄、曲折，泥沙淤塞、堤防残破等，使安全泄量（在河水不发生漫溢或堤防不发生溃决的前提下，河床所能安全通过的最大流量）变得较小，则遇到一般洪水也有可能漫溢或决堤。所以，洪水成灾是由于洪峰流量超过河床的安全泄量，因而泛滥（或决堤）成灾。由此可见，防洪的主要任务是按照规定的防洪标准，因地制宜地采用恰当的工程措施，以削减洪峰流量，或者加大河床的过水能力，保证安全度汛。防洪措施主要可分为工程措施和非工程措施两大类。

1. 工程措施

防洪工程措施或工程防洪系统，一般包括以下几个方面。

（1）增大河道泄洪能力

此措施包括沿河筑堤、整治河道、加宽河床断面、人工截弯取直和消除河滩障碍等措施。当防御的洪水标准不高时，这些措施是历史上迄今仍常用的防洪措施，也是流域防洪措施中不可缺少的组成部分。这些措施旨在增大河道排泄能力

（如加大泄洪流量），但无法控制洪量并加以利用。

（2）拦蓄洪水控制泄量

此措施主要是依靠在防护区上游筑坝建库而形成的多水库防洪工程系统，也是当前流域防洪系统的重要组成部分。水库拦洪蓄水，一是可以削减下游洪峰洪量，使下游地区免受洪水威胁；二是可以蓄洪补枯，提高水资源综合利用水平，是将防洪和兴利相结合的有效工程措施。

（3）分洪、滞洪与蓄洪

分洪、滞洪与蓄洪三种措施的目的都是为了减少某一河段的洪峰流量，使其控制在河床安全泄量以下。分洪是在过水能力不足的河段上游适当修建分洪闸，开挖分洪水道（又称减河），将超过本河段安全泄量的那部分洪水引走。分洪水道有时可兼做航运或灌溉的渠道。滞洪是利用水库、湖泊、洼地等，暂时滞留一部分洪水，以削减洪峰流量。待洪峰一过，再腾空滞洪容积应对下一次洪峰。蓄洪则是蓄留一部分或全部洪水水量，待枯水期供给兴利部门使用。

2. 非工程措施

（1）蓄滞洪（行洪）区的土地合理利用

根据自然地理条件，对蓄滞洪（行洪）区土地、生产、产业结构、人民生活居住条件进行全面规划，合理布局，不仅可以直接减轻当地的洪灾损失，还可取得行洪通畅，减缓下游洪水灾害之利。

（2）建立洪水预报和报警系统

洪水预报是根据前期和现时的水文、气象等信息，揭示和预测洪水的发生及其变化过程的应用科学技术。它是防洪非工程措施的重要内容之一，直接为防汛抢险、水资源合理利用与保护、水利工程建设和调度运用管理及工农业的安全生产服务。

设立预报和报警系统，是防御洪水、减少洪灾损失的前哨工作。根据预报可在洪水来临前疏散人员、财物，做好抗洪抢险准备，以避免或减少重大的洪灾损失。

（3）洪水保险

洪水保险不能减少洪水泛滥所造成的洪灾损失，但会将可能的一次性大洪水损失转化为平时缴纳保险金，从而减缓因洪灾引起的经济波动和社会不安等现象。

（4）抗洪抢险

抗洪抢险也是为了减轻洪泛区灾害损失的一种防洪措施。其中包括洪水来临前采取的紧急措施，洪水期的险工抢修和堤防监护，洪水后的清理和救灾（如发生时）善后工作。这项措施要与预报、报警和抢险材料的准备工作等联系在一起。

（5）修建村台、躲水楼、安全台等设施

在低洼的居民区修建村台、躲水楼、安全台等设施，作为居民临时躲水的安全场所，从而保证人身安全和减少财物损失。

（6）水土保持

在河流流域内，开展水土保持工作，增强浅层土壤的蓄水能力，可以延缓地面径流，减轻水土流失，削减河道洪峰洪量和含沙量。这种措施减缓中等雨洪型洪水的作用非常显著；对于高强度的暴雨洪水，虽作用减弱，但仍有减缓洪峰过分集中之效。

（三）现代防洪保障体系

工程措施和非工程措施是人们减少洪水灾害的两类不同途径，有时这两类措施也很难区分。过去，人们将消除洪水灾害寄托于防洪工程，但实践证明，仅仅依靠工程手段不能完全解决洪水灾害问题。非工程措施是工程措施不可缺少的辅助措施。防洪工程措施、非工程措施、生态措施、社会保障措施相协调的防洪体系即现代防洪保障体系，具有明显的综合效果。因此，需要建立现代防洪减灾保障体系，以减少洪灾损失、降低洪水风险。具体地说，必须做好以下工作。

做好全流域的防洪规划，加强防洪工程建设。流域的防洪应从整体出发，做好全流域的防洪规划，正确处理流域干支流、上下游、中心城市以及防洪的局部利益与整体利益的关系；正确处理需要与可能、近期与远景、防洪与兴利等各方面的关系。在整体规划的基础上，加强防洪工程建设，根据国力分期实施，逐步提高防洪标准。做好防洪预报调度，充分发挥现有防洪措施的作用，加强防洪调度指挥系统建设。重视水土保持等生态措施，加强生态环境治理；重视洪灾保险及社会保障体系的建设。加强防洪法规建设；加强宣传教育，提高全民的环境意识及防洪减灾意识。

二、治涝

形成涝灾的主要原因有以下两点。

第一，降水集中，地面径流集聚在盆地、平原或沿江沿湖洼地，积水过多或地下水位过高。

第二，积水区排水系统不健全，或外河外湖洪水顶托倒灌，使积水不能及时排出，或者地下水位不能及时降低。

上述两方面合并起来，就会妨碍农作物的正常生长，以致减产或失收，或者使工矿区、城市淹水而妨碍正常生产和人民正常生活，这就成为涝灾。因此必须治涝。治涝的任务是尽量阻止易涝地区以外的山洪、坡水等向本区汇集，并防御外河、外湖洪水倒灌；健全排水系统，使其能及时排除暴雨范围内的雨水，并及时降低地下水位。治涝的工程措施主要有修筑围堤和堵支联圩、开渠撇洪和整修排水系统。

第四节　灌　　溉

一、作物的灌溉制度

灌溉是人工补充土壤水分以改善作物生长条件的技术措施。作物灌溉制度，是指在一定的气候、土壤、地下水位、农业技术、灌水技术等条件下，对作物播种（或插秧）前至全生育期内所制订的一整套田间灌水方案。它是使作物生育期保持最好的生长状态，达到高产、稳产及节约用水的保证条件，是进行灌区规划、设计、管理、编制和执行灌区用水计划的重要依据及基本资料。灌溉制度包括灌水次数、每次灌水时间、灌水定额、灌溉定额等内容。灌水定额是指作物在生育期间单位面积上的一次灌水量。作物全生育期，需要多次灌水，单位面积上各次灌水定额的总和为灌溉定额。两者单位皆用米 ^{3}/米 ^{2}（m³/m²）或用灌溉水深毫米（mm）表示。灌水时间指的是每次灌水比较合适的起讫日期。

不同作物有不同的灌溉制度。例如，水稻一般采用淹灌，田面持有一定的水层，水不断向深层渗漏，蒸发蒸腾量大，需要灌水的次数多，灌溉定额大；旱作物只需在土壤中有适宜的水分，土壤含水量低，一般不产生深层渗漏，蒸发耗水少，灌水次数也少，灌溉定额小。

同一作物在不同地区和不同的自然条件下有不同的灌溉制度，如稻田在土质黏重、地势低洼地区，渗漏量小，耗水少；在土质轻、地势高的地区，渗漏量、耗水量都较大。

对于某一灌区来说，气候是灌溉制度差异的决定因素。因此，不同年份，灌溉制度也不同。干旱年份，降水少，耗水大，需要灌溉次数也多，灌溉定额大；湿润年份相反，甚至不需要人工灌溉。为满足作物不同年份的用水需要，一般根据群众丰产经验及灌溉试验资料，分析总结制定出几个典型年（特殊干旱年、干旱年、一般年、湿润年等）的灌溉制度，用以指导灌区的计划用水工作。灌溉方法不同，灌溉制度也不同。如喷灌、滴灌的水量损失小，渗漏小，灌溉定额小。

制定灌溉制度时，必须从当地、当年的具体情况出发进行分析研究、统筹考虑。因此，灌水定额、灌水时间并不能完全由事先拟定的灌溉制度决定。如雨期前缺水，可取用小定额灌水；霜冻或干热危害时应提前灌水；大风时可推迟灌水，避免引起作物倒伏等。作物生长需水关键时期要及时灌水，其他时期可根据水源等情况灵活执行灌溉制度。我国制定灌溉制度的途径和方法有以下三种：第一种是根据当地群众丰产灌溉实践经验进行分析总结制定，群众的宝贵经验对确定灌水时间、灌水次数、稻田的灌水深度等都有很大参考价值，但对确定旱作物的灌水定额，尤其是在考虑水文年份对灌溉的影响等方面，只能提供大致的范围；第二种是根据灌溉试验资料制定灌溉制度，灌溉试验成果虽然具有一定的局限性，但在地下水利用量、稻田渗漏量、作物日需水量、降雨有效利用系数等方面，可以提供准确的资料；第三种是按农田水量平衡原理通过分析计算制定灌溉制度，这种方法有一定的理论依据和比较清楚的概念，但也必须在前两种方法提供资料的基础上，才能得到比较可靠的成果。生产实践中，通常将上述三种方法并用，相互参照，最后制定出切实可行的灌溉制度，作为灌区规划、设计、用水管理工作的依据。

二、灌溉技术及灌溉措施

灌溉技术是指在一定的灌溉措施条件下，能适时、适量、均匀灌水，并能省水、省工、节能，使农作物达到增产目的而采取的一系列技术措施。灌溉技术的内容很多，除各种灌溉措施有各种相应的灌溉技术外，还可分为节水节能技术、增产技术。在节水节能技术中，有工程方面和非工程方面的技术，其中非工程技术又包括灌溉管理技术和作物改良方面的技术等。

灌溉措施是指向田间灌水的方式，即灌水方法，包括地面灌溉、地下灌溉、喷灌、滴灌等。

（一）地面灌溉

地面灌溉是水由高向低沿着田面流动，借水的重力及土壤毛细管作用，湿润土壤的灌水方法，是世界上最早、最普通的灌水方法。按田间工程及湿润土壤方式的不同，地面灌溉又分为畦灌、沟灌、淹灌、漫灌等。漫灌即田面不修畦、沟、埂，任水漫流，是一种不科学的灌水方法。主要缺点是灌地不匀，严重破坏土壤结构，浪费水量，抬高地下水位，易使土壤盐碱化、沼泽化。非特殊情况应尽量少用。

地面灌溉具有投资少、技术简单、节省能源等优点，目前世界上许多国家仍然很重视地面灌溉技术的研究。我国98%以上的灌溉面积都采用的是地面灌溉的方式。

（二）地下灌溉

地下灌溉又叫渗灌、浸润灌溉，是将灌溉水引入埋设在耕作层下的暗管，通过管壁孔隙渗入土壤，借毛细管作用由下而上湿润耕作层的灌溉措施。

地下灌溉具有以下优点：能使土壤基本处于非饱和状态，使土壤湿润均匀，湿度适宜，因此土壤结构疏松，通气良好，不产生土壤板结，并且能经常保持良好的水、肥、气、热状态，使作物处于良好的生育环境；减少地面蒸发，节约用水；便于灌水与田间作业同时进行，灌水工作简单等。其缺点是：表层土壤湿润较差，造价较高，易淤塞，检修维护工作不便。因此，此法适用于干旱缺水地区的作物灌溉。

（三）喷灌

喷灌是利用专门的设备把水流喷射到空中，散成水滴洒落到地面，如降雨般的湿润土壤的灌水方法。一般由水源工程、动力机械、水泵、管道系统、喷头等组成，统称喷灌系统。

喷灌具有以下优点：可灵活控制喷洒水量；不会破坏土壤结构，还能冲洗作物茎、叶上的尘土，利于光合作用；能节水、增产、省劳力、省土地，还可防霜冻、降温；可结合化肥、农药等同时使用；适用于各种地形、各种作物。其主要缺点是：设备投资较高，需要消耗动力；喷灌时受风力影响，喷洒不均。

（四）滴灌

滴灌是利用低压管道系统将水或含有化肥的水溶液一滴一滴地、均匀地、缓慢地滴入作物根部土壤，是维持作物主要根系分布区最适宜的土壤水分状况的灌水方法。滴灌系统一般由水源工程、动力机、水泵、管道、滴头及过滤器、肥料等组成。

滴灌的主要优点是节水性能很好。灌溉时用管道输水，洒水时只湿润作物根部附近土壤，既避免了输水损失，又减少了深层渗漏，还消除了喷灌中水流的漂移损失，蒸发损失也很小。据统计，滴灌的用水量为地面灌溉用水量的 $1/8 \sim 1/6$，为喷灌用水量的 $2/3$。因此，滴灌是现代各种灌溉方法中最省水的一种，在缺水干旱地区，炎热的季节，透水性强的土壤、丘陵山区，以及沙漠绿洲尤为适用。其主要缺点是滴头易堵塞，对水质要求较高。其他优缺点与喷灌相同。

第七章　水资源管理

第一节　水资源管理概述

一、水资源管理的含义

对水资源管理的含义，国内外专家学者有着不同的理解和定义，尚缺乏统一的认识，目前关于水资源管理的定义有以下几种。

（一）《中国大百科全书·大气科学·海洋科学·水文科学》

水资源管理是水资源开发利用的组织、协调、监督和调度。运用行政、法律、经济、技术和教育等手段，组织各种社会力量开发水利和防治水害；协调社会经济发展与水资源开发利用之间的关系，处理各地区、各部门之间的用水矛盾；监督、限制不合理的开发水资源和危害水源的行为；制定供水系统和水库工程的优化调度方案，科学分配水量。

（二）《中国大百科全书·环境科学》

水资源管理是防止水资源危机，保证人类生活和经济发展的需要，运用行政、技术立法等手段对淡水资源进行管理的措施。水资源管理工作的内容包括调查水量，分析水质，进行合理规划、开发和利用，保护水源，防止水资源衰竭和污染等。同时也涉及水资源密切相关的工作，如保护森林、草原、水生生物、植树造林、涵养水源、防止水土流失、防止土地盐渍化、沼泽化、沙化等。

（三）董增川

水资源管理是水行政主管部门综合运用法律、行政、经济、技术等手段，对水资源的分配、开发、利用、调度和保护进行管理，以求可持续地满足社会经济发展和生态环境改善对水的需求的各种活动的总称。

（四）王双银等

水资源管理就是为保证特定区域内可以得到一定质和量的水资源，使之能够持久开发和永续利用，以最大限度地促进经济社会的可持续发展和改善环境而进行的各项活动（包括行政、法律、经济、技术等方面）。

（五）冯尚友

水资源管理是为支持实现可持续发展战略目标，在水资源及水环境的开发、治理、保护、利用过程中，所进行的统筹规划、政策指导、组织实施、协调控制监督检查等一系列规范性活动的总称。统筹规划是合理利用有限水资源的整体布局、全面策划的关键；政策指导是进行水事活动决策的规则与指南；组织实施是通过立法、行政经济、技术和教育等形式组织社会力量，实施水资源开发利用的一系列活动实践；协调控制是处理好资源、环境与经济、社会发展之间的协同关系和水事活动之间的矛盾关系、控制好社会用水与供水的平衡和减轻水旱灾害损失的各种措施；监督检查则是不断提高水的利用率和执行正确方针政策的必需手段。

（六）孙金华

水资源管理就是协调人水关系，是为了人类满足生命、生活、生产和生态等方面的水资源需求所采取的一系列工程和非工程措施的总和。

（七）于万春等

依据水资源环境承载能力，遵循水资源系统自然循环功能，按照经济社会规律和生态环境规律，运用法规、行政、经济、技术、教育等手段，通过全面系统规划优化配置水资源，对人们的涉水行为进行调整与控制，保障水资源开发利用与经济社会和谐持续发展。

（八）联合国教育、科学及文化组织国际水文计划工作组

可持续水资源管理指的是支撑从现在到未来社会及其福利而不破坏人们赖以生存的水文循环及生态系统的稳定性的水的管理与使用。

二、水资源管理的目标

水资源管理的最终目标是使有限的水资源创造最大的社会经济效益和生态环境效益，实现水资源的可持续利用和促进经济社会的可持续发展。

《中国 21 世纪议程》中对水资源管理的总要求：水量与水质并重，资源和环境管理一体化。水资源管理的基本目标如下。

（一）形成能够高效利用水的节水型社会

在对水资源的需求有新发展的形势下，必须把水资源作为关系到社会兴衰的重要因素来对待，并根据中国水资源的特点，厉行计划用水和节约用水，大力保护并改善天然水质。

（二）建设稳定、可靠的城乡供水体系

在节水战略指导下，预测社会需水量的增长率将保持或略高于人口的增长率。在人口达到高峰以后，随着科学技术的进步，需水增长率相对也会有所降低。要按照这个趋势制订相应计划以求解决各个时期的水供需平衡，提高枯水期的供水安全度，以及对于特殊干旱的相应对策等，并定期修订计划。

（三）建立综合性防洪安全的社会保障制度

由于人口的增长和经济的发展，如再遇洪水，给社会经济造成的损失将比过去加重很多。在中国的自然条件下，江河洪水的威胁将长期存在。因此，要建立综合性防洪安全的社会保障体制，以有效地保护社会安全、经济繁荣和人民生命财产安全，以求在发生特大洪水情况下，不致影响社会经济发展的全局。

（四）加强水环境系统的建设和管理，建成国家水环境监测网

水是维系经济和生态系统的关键性要素。通过建设国家和地方水环境监测网和信息网，掌握水环境质量状况，努力控制水污染发展的趋势，加强水资源保护，实行水量与水质并重、资源与环境一体化管理，以应对缺水与水污染的挑战。

三、水资源管理的原则

水资源管理应遵循以下原则。

（一）维护生态环境，实施可持续发展战略

生态环境是人类生存、生产与生活的基本条件，而水是生态环境中不可缺少的组成要素之一。在对水资源进行开发利用与管理保护时，应把维护生态环境的良性循环放到突出位置，才可能为实施水资源可持续利用、保障人类和经济社会的可持续发展战略奠定坚实的基础。

（二）地表水与地下水、水量与水质实行统一规划调度

地球上的水资源分为地表水资源与地下水资源，而且地表水资源与地下水资源之间存在一定关系、联合调度、统一配置和管理地表水资源和地下水资源，可以提高水资源的利用效率。水资源的水量与水质既是一组不同的概念，又是一组相辅相成的概念、水质的好坏会影响水资源量的多少，人们谈及水资源量的多少时，往往是指能够满足不同用水要求的水资源量，水污染的发生会减少水资源的可利用量；水资源的水量多少会影响水资源的水质，将同样量的污物排入不同水量的水体，由于水体的自净作用，水体的水质会发生的不同程度的变化。在制定水资源开发利用规划时，水资源的水量与水质也需统一考虑。

（三）加强水资源统一管理

水资源的统一管理包括：水资源应当按流域与区域相结合，实行统一规划、统一调度，建立权威、高效、协调的水资源管理体制；调蓄径流和分配水量，应当兼顾上下游和左右岸用水、航运、竹木流放、渔业和保护生态环境的需要；统一发放取水许可证与统一征收水资源费，取水许可证和水资源费体现了国家对水资源的权属管理、水资源配置规划和水资源有偿使用制度的管理；实施水务纵向一体化管理是水资源管理的改革方向，建立城乡水源统筹规划调配，从供水、用水、排水到节约用水、污水处理及再利用、水源保护的全过程管理体制，将水源开发、利用、治理、配置、节约、保护进行有机结合，实现水资源管理在空间与时间的统一、水质与水量的统一、开发与治理的统一、节约与保护的统一，达到开发利用和管理保护水资源的最佳经济、社会、环境效益的结合。

（四）保障人民生活和生态环境基本用水，统筹兼顾其他用水

水资源的用途主要有农业用水、工业用水、生活用水、生态环境用水、发电用水、航运用水、旅游用水、养殖用水等。《中华人民共和国水法》规定，开发、利用水资源，应当首先满足城乡居民生活用水，并兼顾农业、工业、生态环境用水以及航运等需要。在干旱和半干旱地区开发、利用水资源，应当充分考虑生态环境用水需要。

（五）坚持开源节流并重，节流优、先治污为本的原则

我国水资源总量虽然相对丰富，但人均拥有量少，而在水资源的开发利用过

程中，又面临着水污染和水资源浪费等水问题，严重影响水资源的可持续利用。因此，进行水资源管理时，必须坚持开源节流并重，以及节流优先、治污为本的原则，才能实现水资源的可持续利用。

（六）坚持按市场经济规律办事，发挥市场机制对促进水资源管理的重要作用

水资源管理中的水资源费和水费经济制度，以及谁耗费水量谁补偿、谁污染水质谁补偿、谁破坏生态环境谁补偿的补偿机制，确立全成本水价体系的定价机制和运行机制，水资源使用权和排水权的市场交易运作机制和规则等，都应在政府宏观监督管理下，运用市场机制和社会机制的规则，管理水资源，发挥市场调节在配置水资源和促进合理用水、节约用水中的作用。

（七）坚持依法治水的原则

进行水资源管理时，必须严格遵守相关的法律法规和规章制度，如《中华人民共和国水法》《中华人民共和国水污染防治法》《中华人民共和国水土保持法》《中华人民共和国环境保护法》等。

（八）坚持水资源属于国家所有的原则

《中华人民共和国水法》规定，水资源属于国家所有，水资源的所有权由国务院代表国家行使，这从根本上确立了我国的水资源所有权原则。坚持水资源属于国家所有是进行水资源管理的基本点。

（九）坚持公众参与和民主决策的原则

水资源的所有权属于国家，任何单位和个人引水、截（蓄）水、排水，不得损害公共利益和他人的合法权益。这使得水资源具有公共性的特点，成为社会的共同财富，任何单位和个人都有享受水资源的权利。因此，公共参与和民主决策是实施水资源管理工作时需要坚持的一个原则。

第二节　水资源法律管理

一、水资源法律管理的概念

水资源法律管理是水资源管理的基础，在进行水资源管理的过程中，必须通过依法治水实现水资源开发、利用和保护，以满足社会经济和环境协调发展的需要。

水资源法律管理是以立法的形式，通过水资源法规体系的建立，为水资源的开发、利用、治理、配置、节约和保护提供制度安排，调整与水资源有关的人与人的关系，并间接调整人与自然的关系。

水法有广义和狭义之分，狭义的水法是《中华人民共和国水法》。广义的水法是指调整在水的管理、保护、开发、利用和防治水害过程中所发生的各种社会关系的法律规范的总称。

二、水资源法律管理的作用

水资源法律管理的作用是借助国家强制力，对水资源开发、利用、保护、管理等各种行为进行规范，解决与水资源有关的各种矛盾和问题，实现国家的管理目标。具体表现在以下几个方面：规范、引导用水部门的行为，促进水资源可持续利用；加强政府对水资源的管理和控制，同时对行政管理行为产生约束；明确的水事法律责任规定，为解决各种水事冲突提供依据；有助于提高人们保护水资源和生态环境的意识。

三、我国水资源管理的法规体系构成

我国在水资源方面颁布了大量具有行政法规效力的规范性文件，如《中华人民共和国水法》《中华人民共和国水污染防治法》《中华人民共和国水土保持法》《中华人民共和国防洪法》《中华人民共和国环境保护法》《中华人民共和国河道管理条例》等一系列法律法规，初步形成了一个由中央到地方、由基本法到专项法再到法规条例的多层次的水资源管理的法规体系。按照立法体制、效力等级的不同，我国水资源管理的法规体系构成如下。

（一）宪法中有关水的规定

宪法是国家的根本大法，具有最高法律效力，是制定其他法律法规的依据。《中华人民共和国宪法》中有关水的规定也是制定水资源管理相关的法律法规的基础。《中华人民共和国宪法》第九条规定，水流属于国家所有，即全民所有，"国家保障自然资源的合理利用"。这是关于水权的基本规定以及合理开发利用、有效保护水资源的基本准则。对于国家在环境保护方面的基本职责和总政策，《中华人民共和国宪法》第二十六条做了原则性的规定，"国家保护和改善生活环境和生态环境，防治污染和其他公害"。

（二）中华人民共和国人民代表大会制定的有关水的法律

由中华人民共和国人民代表大会制定的有关水的法律主要包括与（水）资源环境有关的综合性法律和有关水资源方面的单项法律。目前，我国还没有一部综合性资源环境法律，《中华人民共和国环境保护法》可以认为是我国在环境保护方面的综合性法律；《中华人民共和国水法》是我国第一部有关水的综合性法律，是水资源管理的基本大法。针对我国水资源洪涝灾害频繁、水资源短缺和水污染现象严重等问题，我国专门制定了《中华人民共和国水污染防治法》《中华人民共和国水土保持法》《中华人民共和国防洪法》等有关水资源方面的单项法律，为我国水资源保护、水土保、洪水灾害防治等工作的顺利开展提供法律依据。

1.《中华人民共和国水法》

《中华人民共和国水法》包括八章：总则（第一章），水资源规划（第二章），水资源开发利用（第三章），水资源、水域和水工程的保护（第四章），水资源配置和节约使用（第五章），水事纠纷处理与执法监督检查（第六章），法律责任（第七章），附则（第八章）。

2.《中华人民共和国环境保护法》

《中华人民共和国环境保护法》包括六章内容：总则（第一章）、环境监督管理（第二章）、保护和改善环境（第三章）、防治环境污染和其他公害（第四章）、法律责任（第五章）、附则（第六章）。《中华人民共和国环境保护法》是为保护和改善生活环境与生态环境，防治污染和其他公害，保障人体健康，促进社会主义现代化建设的发展而制定的。《中华人民共和国环境保护法》中的环境，是指影响人类生存和发展的各种天然的和经过人工改造的自然因素的总体，包括大气、水、海洋、土地、矿藏、森林、草原、野生生物、自然遗迹、人文遗迹、自然保护区、风景名胜区、城市和乡村等。本法适用于中华人民共和国领域和中华人民共和国管辖的其他海域。

3.《中华人民共和国水污染防治法》

《中华人民共和国水污染防治法》包括八章：总则（第一章）、水污染防治的标准和规划（第二章）、水污染防治的监督管理（第三章）、水污染防治措施（第四章）、饮用水水源和其他特殊水体保护（第五章）、水污染事故处置（第六章）、法律责任（第七章）、附则（第八章）。《中华人民共和国水污染防治法》是为了防治水污染，保护和改善环境，保障饮用水安全，促进经济社会全面协调可持续发展而制定的；适用于中华人民共和国领域内的江河、湖泊、运河、渠道、水库等地表水体以及地下水体的污染防治；水污染防治应当坚持预防为主、防治结合、综合治理的原则，优先保护饮用水水源，严格控制工业污染、城镇生活污染，防治农业面源污染，积极推进生态治理工程建设，预防、控制和减少水环境污染和生态破坏。

4.《中华人民共和国水土保持法》

《中华人民共和国水土保持法》包括七章：总则（第一章）、规划（第二章）、预防（第三章）、治理（第四章）、监测和监督（第五章）、法律责任（第六章）、附则（第七章）。《中华人民共和国水土保持法》是为了预防和治理水土流失，保护和合理利用水土资源，减轻水、旱、风沙灾害，改善生态环境，保障经济社会可持续发展而制定的；在中华人民共和国境内从事水土保持活动，应当遵守本法。《中华人民共和国水土保持法》中的水土保持，是指对自然因素和人为活动造成水土流失所采取的预防和治理措施。水土保持工作实行预防为主、保护优先、全面规划、综合治理、因地制宜、突出重点、科学管理、注重效益的方针。

5.《中华人民共和国防洪法》

《中华人民共和国防洪法》包括八章：总则（第一章）、防洪规划（第二章）、治理与防护（第三章）、防洪区和防洪工程设施的管理（第四章）、防汛抗洪（第五章）、保障措施（第六章）、法律责任（第七章）、附则（第八章）。《中华人民共和国防洪法》是为了防治洪水，防御、减轻洪涝害，维护人民的生命和财产安全，保障社会主义现代化建设顺利进行而制定的。防洪工作实行全面规划、统筹兼顾、预防为主、综合治理、局部利益服从全局利益的原则。

（三）由国务院制定的行政法规和法规性文件

由国务院制定的与水相关的行政法规和法规性文件内容涉及水利工程的建设和管理水污染防治、水量调度分配、防汛、水利经济和流域规划等众多方面。如《中华人民共和国河道管理条例》等，与各种综合、单项法律相比，国务院制定的这些行政法规和法规性文件更为具体、详细，操作性更强。

1.《中华人民共和国河道管理条例》

《中华人民共和国河道管理条例》包括七章：总则（第一章）、河道整治与建设（第二章）、河道保护（第三章）、河道清障（第四章）、经费（第五章）、罚则（第六章）、附则（第七章）。《中华人民共和国河道管理条例》是为加强河道管理，保障防洪安全，发挥江河湖泊的综合效益，根据《中华人民共和国水法》而制定的。《中华人民共和国河道管理条例》适用于中华人民共和国领域内的河道（包括湖泊、人工水道、行洪区、蓄洪区、滞洪区）。

2.由国务院所属部委制定的相关部门行政规章

由于我国水资源管理在很长的一段时间内实行的是分散管理的模式，因此，不同部门从各自管理范围、职责出发，制定了很多与水有关的行政规章。以环境保护部门和水利部门分别形成的两套规章系统为代表，环境保护部门侧重水质、水污染防治，主要是针对排放系统的管理，制定的相关行政规章有《环境标准管理办法》《全国环境监测管理条例》等；水利部门侧重水资源的开发、利用，制定的相关行政规章有《取水许可申请审批程序规定》《取水许可管理办法》《取水许可监督管理办法》等。

3.地方性法规和行政规章

我国水资源的时空分布存在很大差异，不同地区的水资源条件、面临的主要水资源问题，以及地区经济实力等都各不相同。因此，水资源管理需因地制宜地展开，各地方可指定与区域特点相符合、能够切实有效解决区域问题的法律法规和行政规章。目前我国已经颁布了很多与水有关的地方性法规、省级政府规章及规范性文件。

4.其他部门中相关的法律规范

水资源问题涉及社会生活的各个方面，其他部门中相关的法律规范也适用于水资源法律管理，如《中华人民共和国农业法》和《中华人民共和国土地法》中的相关法律规范。

5.立法机关、司法机关的相关法律解释

立法机关、司法机关对以上各种法律、法规、规章、规范性文件做出的说明性文字，或是对实际执行过程中出现的问题解释、答复，也是水资源管理法规体系的组成部分。

6.依法制定的各种相关标准

由行政机关根据立法机关的授权而制定和颁布的各种相关标准，是水资源管理法规体系的重要组成部分，如《地表水环境质量标准》《地下水质量标准》《生活饮用水卫生标准》等。

第三节　水资源水量及水质管理

一、水资源水量管理

（一）水资源总量

水资源总量是地表水资源量和地下水资源量两者之和，这个总量应是扣除地表水与地下水重复量之后的地表水资源和地下水资源天然补给量的总和。由于地表水和地下水相互联系、相互转化，故在计算水资源总量时，需将地表水与地下水相互转化的重复水量扣除。水资源总量的计算公式为

$$W=R+Q-D$$

式中：W——水资源总量；

　　　R——地表水资源量；

　　　Q——地下水资源量；

　　　D——地表水与地下水相互转化的重复水量。

用多年平均河川径流量表示我国水资源总量为 27 115 亿 m³，居世界第六位，仅次于巴西、俄罗斯、美国、印度尼西亚、加拿大，水资源总量比较丰富。

水资源总量中可能被消耗利用的部分称为水资源可利用量，包括地表水资源可利用量和地下水资源可利用量。水资源可利用量是指在可预见的时期内，在统筹考虑生活、生产和生态环境用水的基础上，通过经济合理、技术可行的措施，在当地水资源中可一次性利用的最大水量。

（二）水资源供需平衡管理

水是基础性的自然资源和战略性的经济资源，是生态环境的控制性要素。水资源的可持续利用，是城市乃至国家经济社会可持续发展极为重要的保证，也是维护人类环境的极为重要的保证。我国人均占有水资源量少，水资源时空分布极不均匀。特别是在西北干旱、半干旱区，水资源是制约当地社会经济发展和生态环境改善的主要因素。

1.水资源供需平衡分析的意义

城市水资源供需平衡分析是指在一定范围内（行政、经济区域或流域）不同时期的可供水量和需水量的供求关系分析。其目的在于：一是通过可供水量和需水量的分析，弄清楚水资源总量的供需现状和存在的问题；二是通过不同时期、不同部门的供需平衡分析，预测未来，了解水资源余缺的时空分布；三是针对水资源供需矛盾，进行开源节流的总体规划，明确水资源综合开发利用与保护的主要目标和方向，以实现水资源的长期供求计划。因此，水资源供需平衡分析是国家和地方政府制定社会经济发展计划和保护生态环境必须进行的行动，也是进行水源工程和节水工程建设，加强水资源、水质和水生态系统保护的重要依据。开展此项工作，有助于使水资源的开发利用获得最大的经济、社会和环境效益，满足社会经济发展对水量和水质日益增长的要求。同时，在维护资源的自然功能及维护和改善生态环境的前提下，实现社会经济的可持续发展，使水资源承载力、水环境承载力相协调。

2.水资源供需平衡分析的原则

水资源供需平衡分析涉及社会、经济、环境、生态等方面，不管是从可供水量还是需水量方面分析，牵涉面广且关系复杂。因此，水资源供需平衡分析必须遵循以下原则。

（1）长期与近期相结合原则

水资源供需平衡分析实质上就是对水的供给和需求进行平衡计算。水资源的供与需不仅受自然条件的影响，更重要的是受人类活动的影响。在社会不断发展的今天，人类活动对供需关系的影响已经成为基本的因素，而这种影响又随着经济条件的不断改善而发生阶段性的变化。因此，在进行水资源供需平衡分析时，必须有中长期的规划，做到未雨绸缪，防患于未然。

在对水资源供需平衡做具体分析时，根据长期与近期原则，可以分成几个分析阶段：①现状水资源供需分析，即对近几年来本地区水资源实际供水、需水的平衡情况，以及在现有水资源设施和各部门需水的水平下，对本地区水资源的供需平衡情况进行分析；②今后五年内水资源供需分析，它是在现状水资源供需分析的基础上结合国民经济五年计划对供水与需求的变化情况进行供需分析；③今后 10 年或 20 年内水资源供需分析，这项工作必须紧密结合本地区的长远规划来考虑，同样也是本地区国民经济远景规划的组成部分。

（2）宏观与微观相结合原则

本原则即大区域与小区域相结合，单一水源与多个水源相结合，单一用水部门与多个用水部门相结合。水资源具有区域分布不均匀的特点，在进行全省或全市（县）的水资源供需平衡分析时，往往以整个区域内的平衡值来计算，这就势必造成全局与局部矛盾。大区域内水资源平衡了，各小区域内可能有亏有盈。因此，在进行大区域的水资源供需平衡分析时，还必须进行小区域的供需平衡分析，只有这样才能反映各小区域的真实情况，从而提出切实可行的措施。

在进行水资源供需平衡分析时，除了对单一水源地（如水库、河闸和机井群）的供需平衡加以分析外，更应重视对多个水源地联合起来的供需平衡进行分析，这样可以最大限度地发挥各水源地的调解能力和提高供水保证率。

由于各用水部门对水资源的量与质的要求不同，对供水时间的要求也相差较大。因此在实践中许多水源是可以重复交叉使用的。例如，内河航运与养鱼、环境用水相结合，城市河湖用水、环境用水和工业冷却水相结合等。一个地区水资源利用得是否科学，重复用水量是一个很重要的指标。因此，在进行水资供需平衡分析时，除考虑单一用水部门的特殊需要外，应将本地区各用水部门应综合起来统一考虑，否则会造成很大的损失。这对一个地区的供水部门尚未确定安置地点的情况尤为重要。这项工作完成后可以提出哪些部门设在上游，哪些部门设在下游，或哪些部门可以放在一起等合理的建议，为将来水资源合理调度创造条件。

（3）科技、经济、社会三位一体统一考虑原则

对目前或未来水资源供需平衡的分析都涉及技术和经济方面的问题、行业间的矛盾，以及省市之间的矛盾等社会问题。在解决实际的水资源供需不平衡的许多措施中，被采用的可能是技术上合理而经济上并不一定合理的措施；也可能是矛盾最小，但技术与经济上都不合理的措施。因此，在进行水资源供需平衡分析时，应统一考虑以下三种因素，即社会矛盾最小，技术与经济都较合理，并且综合起来最为合理（对某一因素而言并不一定是最合理的）。

（4）水循环系统综合考虑原则

水循环系统指的是人类利用天然的水资源时所形成的社会循环系统。人类开发利用水资源一般经历三个系统——供水系统、用水系统和排水系统。这三个系统彼此联系、相互制约。从水源地取水，经过城市供水系统净化，提升至用水系统；经过使用后，受到某种程度的污染流入城市排水系统；经过污水处理厂处理后，一部分退至下游，一部分达到再生水回用的标准重新返回到供水系统中，或回到用户再利用，从而形成了水的社会循环。

3.水资源供需平衡分析的方法

水资源供需平衡分析必须根据一定的雨情、水情来进行，主要有两种分析方法：一种是系列法，另一种是典型年法（或称代表年法）。系列法是按雨情、水情的历史系列资料进行逐年的供需平衡分析计算；而典型年法仅是根据有代表性的几个不同年份的雨情、水情进行分析计算，而不必逐年计算。这里必须强调，不管采用何种分析方法，所采用的基础数据（如水文系列资料、水文地质的有关参数等）的质量至关重要的，其将直接影响到供需分析成果的合理性和实用性。下面介绍两种方法：一种叫典型年法，另一种叫水资源系统动态模拟法（系列法的一种）。在了解两种分析方法之前，首先介绍一下供水量和需水量的计算与预测。

（1）供水量的计算与预测

可供水量是指不同水平年、不同保证率或不同频率条件下通过工程设施可提

供的符合一定标准的水量，包括区域内的地表水、地下水外流域的调水，污水处理回用和海水利用等。它有别于工程实际的供水量，也有别于工程最大的供水能力，不同水平年意味着计算可供水量时，要考虑现状近期和远景的几种发展水平的情况，是一种假设的来水条件。不同保证率或不同频率条件表示计算可供水量时，要考虑丰、平、枯几种不同的来水情况，保证率是指工程供水的保证程度（或破坏程度），可以通过系列调算法进行计算习得。频率一般表示来水的情况，在计算可供水量时，既表示要按来水系列选择代表年，也表示应用代表年法来计算可供水量。

可供水量的影响因素如下。

第一，来水条件。由于水文现象的随机性，将来的来水是不能预知的，因而将来的可供水量是随不同水平年的来水变化及其年内的时空变化而变化。

第二，用水条件。由于可供水量有别于天然水资源量，如只有农业用户的河流引水工程，虽然可以长年引水，但非农业用水季节所引水量则没有用户，不能算为可供水量；又例如河道的冲淤用水、河道的生态用水，都会直接影响到河道外的直接供水的可供水量；河道上游的用水要求也直接影响到下游的可供水量。因此，可供水量是随着用水特性、合理用水和节约用水等条件的不同而不断变化的。

第三，工程条件。工程条件决定了供水系统的供水能力。现有工程参数的变化、不同的调度运行条件以及不同发展时期新增工程设施，都将决定不同的供水能力。

第四，水质条件。可供水量是指符合一定使用标准的水量，不同用户有不同的标准。在供需分析中计算可供水量时要考虑到水质条件。例如，从多沙河流引水，高含沙量河水就不宜引用；高矿化度地下水不宜开采用于灌溉；对于城市的被污染水、废污水在未经处理和论证时也不能算作可供水量。

总之，可供水量不同于天然水资源量，也等于可利用水资源量。一般情况下，可供水量小于天然水资源量，也小于可利用水源量。对于可供水量，要分类、分工程、分区逐项逐时段计算，最后还要汇总成全区域的总供水量。

另外，需要说明的是，所谓的供水保证率是指多年供水过程中，供水得到保证的年数占总年数的百分数，常用下式计算：

$$P = \frac{m}{n+1} \times 100\%$$

式中：P——供水保证率；

M——保证正常供水的年数；

N——供水总年数。

在供水规划中，按照供水对象的不同，应规定不同的供水保证率。例如，居民生活供水保证率 P 在 95% 以上，工业用水 P 为 90%~95%，农业用水 P 为 50%~75% 等。保证正常供水是指通常按用户性质，能满足其需水量的 90%~98%（满足程度），视作正常供水。对供水总年数，通常指统计分析中的样本总数，如所取降雨系列的总年数或系列法供需分析的总年数。根据上述供水保证率的概念，可以得出两种确定供水保证率的方法。

第一，上述的在今后多年供水过程中有保证年数占总供水年数的百分数。今后多年是一个计算系列，在这个系列中，不管哪一个年份，只要有保证的年数足够，就可以达到所需的保证率。

第二，规定某一个年份（如 2000 年这个水平年），这一年的来水可以是各种各样的。现在把某系列各年的来水都放到 2000 年这一水平年去进行供需分析，计算其供水有保证的年数占系列总年数的百分数，即为 2000 年这一水平年的供水遇到所用系列的来水时的供水保证率。

（2）需水量的计算与预测

①需水量概述

需水量分为河道内用水和河道外用水两大类。河道内用水包括水力发电、航运、放牧、冲淤、环境、旅游等，主要利用河水的势能和生态功能，基本上不消耗水量或污染水质，属于非耗损性清洁用水。河通外用包括生活需水量、工业需水量、农业需水量、生态环境需水量四种。

生活需水量是指为满足居民高质量生活所需要的用水量。生活需水量分为城市生活需水量和农村生活需水量。城市生活需水量是供给城市居民生活的用水量，包括居民家庭生活用水和市政公共用水两部分。居民家庭生活用水是指维持日常生活的家庭和个人需水量，主要指饮用和洗涤等室内用水；市政公共用水包括饭店、学校、医院、商店、浴池、洗车场、公路冲洗、消防、公用厕所、污水处理厂等用水。农村生活需水量可分为农村家庭需水量、家养禽畜需水量等。

工业需水量是指在一定的工业生产水平下,为实现一定的工业生产产品量所需要的用水量。工业需水量分为城市工业需水量和农村工业需水量。城市工业需水量是供给城市工业企业的工业生产用水,一般是指工业企业生产过程中,用于制造、加工、冷却、空调、制造、净化、洗涤和其他方面的用水,也包括工业企业内工作人员的生活用水。

农业需水量是指在一定的灌溉技术条件下供给农业灌溉、保证农业生产产量所需要的用水量,主要取决于农作物品种、耕作与灌溉方法。农业需水量分为种植业需水量、畜牧业需水量、林果业需水量和渔业需水量。

生态环境需水量是指为达到某种生态水平,并维持这种生态系统平衡所需要的用水量。生态环境需水量由生态需水量和环境需水量两部分构成。生态需水量是达到某种生态水平或者维持某种生态系统平衡所需要的水量,包括维持天然植被所需水量、水土保持、水土保持范围外的林草植被建设所需水量,以及保护水生物所需水量;环境需水量是为保护和改善人类居住环境及其水环境所需要的水量,包括改善用水水质所需水量、协调生态环境所需水量、回补地下水量、美化环境所需水量及休闲旅游所需水量。

②用水定额

用水定额是用水核算单元规定或核定的使用新鲜水的水量限额,即单位时间内,单位产品、单位面积或人均生活所需要的用水量。用水定额一般可分为生活用水定额、工业用水定额和农业用水定额三部分。核算单元,对于城市生活用水可以是人、床位、面积等,对于城市工业用水可以是某种单位产品、单位产值等,对于农业用水可以是灌溉面积、单位产量等。

用水定额随社会、科技进步和国民经济发展而变化,经济发展水平、地域、城市规模工业结构、水资源重复利用率、供水条件、水价、生活水平、给排水及卫生设施条件、生活方式等,都是影响用水定额的主要因素。如生活用水定额随着社会的发展、文化水平提高而逐渐提高。通常住房条件较好、给水水设备较完善、居民生活水平相对较高的大城市,生活用水定额也较高。而工业用水定额和农业用水定额因科技进步而逐渐降低。

用水定额是计算与预测需水量的基础,需水量计算与预测的结果正确与否,与用水定额的选择有极大的关系，应该根据节水水平和社会经济的发展，通过综合分析和比较，确定适应地区水资源状况和社会经济特点的合理用水定额。

③城市生活需水量预测

随着经济与城市化进程发展，我国用水人口相应增加，城市居民生活水平不断提高，公共市政设施范围不断扩大与完善，用水量不断增加。影响城市生活需水量的因素很多，如城市的规模、人口数量、所处的地域、住房面积、生活水平、卫生条件、市政公共设施、水资源条件等，其中最主要的影响因素是人口数量和人均用水定额。城市生活需水量常用人均生活用水定额法推算，其计算公式为

$$W_{生活}：365qm/1000$$

式中：$W_{生活}$——城市生活需水量，m^3/a；

q——人均生活用水定额，$L/(人·d)$；

M——用水人数。

④城市工业需水量计算与预测

城市工业需水量可按产品数量和生产单位产品用水量计算：

$$W_{工业} = \sum M_i, \ q_i$$

式中：$W_{工业}$——城市工业需水量，m^3/a；

M_i——第i种工业产品数量，（t，件）$/a$；

q_i——第i种产品的单位需水量，$m^3/(t$，件$)$。

也可按万元产值需水量确定，即用现状年万元产值或预测水平年万元产值乘以工业万元产值需水量定额。

$$W_{工业} = Pq$$

式中：q——万元产值的单位需水量，$m^3/万元$；

P——工业总产值，万元$/a$。

此方法是通过调查工业万元产值取水量的现状和历史变化趋势，推测目前或将来为实现某一工业产值目标所需的工业用水量。

由于不同行业或同一行业的不同产品、不同生产工艺之间的万元产值取水量相差很大，因此确定万元产值需水量指标非常困难。

⑤农业需水量计算与预测

农业用水主要包括农业灌溉、林牧灌溉、渔业用水及农村居民生活用水、农村工业企业用水等。与城市工业和生活用水相比，农业用水具有面广量大、一次性消耗的特点，而且受气候的影响较大，同时也受作物的组成和生长期的影响。农业灌溉用水是农业用水的主要部分，占 90% 以上，所以农业需水量可主要计算农业灌溉需水量。农业灌溉用水的保证率要低于城市工业用水和生活用水的保证率。因此，当水资源短缺时，一般要减少农业用水以保证城市工业用水和生活用水的需要。区域水资源供需平衡分析研究所关心的是区域的农业用水现状和对未来不同水平年、不同保证率需水量的预测，因为它的大小和时空分布极大地影响到区域水资源的供需平衡。

农业灌溉需水量按农田面积和单位面积农田的灌溉用水量计算与预测：

$$W_{灌溉} = \sum m_i q_i$$

式中：W——农业灌溉需水量；

M_i——第 i 种农田的总面积；

Q_i——第 i 种农田的灌溉用水定额。

其他农业需水量也可按类似的用水定额与用水数进行计算或估算。

⑥生态环境需水量计算

生态环境需水量的计算方法分为水文学和生态学两类方法。水文学方法主要关注最小流量的保持，生态学方法主要基于生态管理的目标。这里以河道为例，介绍生态环境需水量的计算方法。

河道环境需水量是为保护和改善河流水体水质、为维持河流水沙平衡、水盐平衡及维持河口地区生态环境平衡所需要的水量。河道最小环境需水量是为维系和保护河流的最基本环境功能不受破坏所必须在河道内保留的最小水量，理论上由河流的基流量组成。

A. 河道生态环境需水量计算

国内外对河流生态环境需水量的计算主要有标准流量法、水力学法、栖息地法等方法，其中标准流量法包括 7Q10 法和 Tennant 法。7Q10 法采用 90% 保证率、连续 7 天最枯的平均水量作为河流的最小流量设计值；Tennant 法以预先确定的年平均流量的百分数为基础，通常作为在优先度不高的河段研究时使用。我国一般采用的方法有 10 年最枯月平均流量法，即采用近 10 年最枯月平均流量或 90% 保证率河流最枯月平均流量作为河流的生态环境需水量。

B.河道基本环境需水量

根据系列水文统计资料，在不同的月（年）保证率前提下，以不同的天然径流量百分比作为河道环境需水量的等级，分别计算不同保证率、不同等级下的月（年）河道基本环境需水量，并以计算出的河道基本环境需水量作为约束条件，计算相应于不同水质目标的污染物排放量及废水排放量，以满足河流的纳污能力。

按照上述原则，即可对河道生态环境用水进行评价。以地表水供水量与地表水资源量为指标，将地表水供水量看作河道外经济用水，地表水资源总量即天然径流量，则天然径流量与经济用水之差就是当年的河道生态环境用水。

（3）水资源供需平衡分析

①典型年法的含义

典型年（又称代表年）法，是指对某一围的水资源供需关系，只进行典型年份平衡分析计算的方法。其优点是可以克服资料不全（系列资料难以取得时）及计算工作量太大的问题。首先，根据需要来选择不同频率的若干典型年。我国规范规定：平水年频率 P 为 50%，一般枯水年频率 P 为 75%，特别枯水年频率 P 为 90%（或 95%）。在进行区域水资源供需平衡分析时，北方干旱和半干旱地区一般要对 P 为 50% 和 P 为 75% 两种代表年的水供需进行分析；而在南方湿润地区，一般要对 P 为 50%、P 为 75% 和 P 为 90%（或 95%）三种代表年的水供需进行分析。实际上，选哪几种代表年，要根据水供需的目的来确定，可不必拘泥于上述的情况。如北方干旱缺水地区，若想通过水供需分析来寻求特枯年份的水供需对策措施则必须对 P 为 90%（或 95%）代表年进行水供需分析。

②计算分区和时段划分

水资源供需分析，就某一区域来说，其可供水量和需水量在地区上和时间上分布都是不均匀的。如果不考虑这些差别，在大尺度的时间和空间内进行平均计算，往往不能充分暴露出供需矛盾，因而其计算结果也不能反映实际情况，这样的供需分析不能起到指导作用。所以，必须进行分区和确定计算时段。

A. 区域划分

分区进行水资源供需分析研究，便于弄清水资源供需平衡要素在各地区之间的差异，以便针对不同地区的特点采取不同的措施和对策。另外，将大区域划分成若干个小区后，可以使计算分析得到相应的简化，便于研究工作的开展。

在分区时一般应考虑以下原则。

尽量按流域、水系划分，对地下水开采区应尽量按同一水文地质单元划分。

尽量照顾行政区划的完整性，便于资料的收集和统计，更有利于水资源的开发利用和保护的决策和管理。

尽量不打乱供水、用水、排水系统。

分区的方法是应逐级划分，即把要研究的区域划分成若干个一级区，每一个一级区又划分为若干个二级区。依此类推，最后一级区称为计算单元。分区面积的大小应根据需要和实际的情况而定。分区过大，往往会掩盖水资源在地区分布的差异性，无法反映供需的真实情况。而分区过小，不仅增加计算工作量，而且同样会使供需平衡分析结果反映不了客观情况。因此，在实际的工作中，在供需矛盾比较突出的地方或工农业发达的地方，分区宜小。对于不同形态的地貌单元（如山区和平原）或不同类型的行政单元（如城镇和农村），宜划为不同的计算区。对于重要的水利枢纽所控制的范围，应专门划出进行研究。

B. 时段划分

时段划分也是供需平衡分析中的一项基本工作，目前，分别采用年、季、月和日等不同的时段。从原则上讲，时段划分得越小越好，但实践表明，时段的划分也受各种因素的影响，究竟按哪一种时段划分最好，应对各种不同情况加以综合考虑。

由于城市水资源供需矛盾普遍尖锐，管理运行部门为了最大限度地满足各地区的需水要求，将供水不足所造成的损失压缩到最低程度，需要紧密结合需水部门的生产情况，实行科学供水。同时，也需要供水部门实行准确计量，合理收费。因此，供水部门和需水部门都要求把计算时段分得小一些，一般以旬、日为单位进行供需平衡分析。

在进行水资源规划（流域水资源规划、地区水资源规划、供水系统水资源规划）时，应着重方案的多样性，而不宜对某一具体方案做得过细，所以在这个阶段，计算时段一般不宜太小，以年为单位即可。

对于无水库调节的地表水供水系统，特别是北方干旱、半干旱地区，由于来水年内变化很大，枯水季节水量比较稳定，在选取时段时，枯水季节可以选得长些，而丰水季节应短些。如果分析的对象是全市或与本市有关的外围区域，由于其范围大、情况复杂，分析时段一般应以年为单位，若取小了，不仅加大工作量，也会因资料差别较大而无法提高精度。如果分析对象是一个卫星城镇或一个供水系统，范围不大，则应尽量将时段选得小些。

①典型年和水平年的确定

A. 典型年来水量的选择及分布

典型年的来水需要用统计方法推求。首先根据各分区的具体情况来选择控制站，以控制站的实际来水系列进行频率计算，选择符合某一设计频率的实际典型年份，然后求出该典型年的来水总量。可以选择年天然径流系列或年降雨量系列进行频率分析计算。如北方干旱半干旱地区，降雨量较小，供水主要靠径流调节，则常用年径流系列来选择典型年。南方湿润地区，降雨较多，缺水既与降雨有关，又与用水季节径流调节分配有关，故可以有多种的系列选择。例如，在西北内陆地区，农业灌溉取决于径流调节，故多采用年径流系列来选择代表年，而在南方地区农作物一年三熟，全年灌溉，降雨量对灌溉用水影响很大，故常用年降雨量系列来选择典型年。至于降雨的年内分配，一般挑选年降雨量接近典型年的实际资料进行缩放分配。

典型年来水量的分布常采用的一种方法是按实际典型年的来水量进行分配，但地区内降雨、径流的时空分配受所选择典型年所支配，具有一定的偶然性，为了克服这种偶然性，通常选用频率相近的若干个实际年份进行分析计算，并从中选出对供需平衡偏于不利的情况进行分配。

B. 水平年

水资源供需分析是要弄清研究区域现状和未来的几个阶段的水资源供需状况，这几个阶段的水资源供需状况与区域的国民经济和社会发展有密切关系，并应与该区域的可持续发展的总目标相协调。一般情况下，需要研究分析四个发展阶段的供需情况，即所谓的四个水平年的情况，分别为现状水平年（又称基准年，系指现状情况以该年为标准）、近期水平年（基准年以后 5 年或 10 年）、远景水平年（基准年以后 15 年或 20 年）、远景设想水平年（基准年以后 30~50 年）。一个地区的水资源供需平衡分析究竟取几个水平年，应根据有关规定或当地具体条件以及供需分析的目的而定，一般取前三个水平年，即现状、近期、远景三个水平年进行分析。对于重要的区域多采用远景水平年，而资料条件差的一般地区，也有只取两个水平年的。当资料条件允许而又需要时，也应进行远景设想水平年的供需分析的工作，如长江、黄河等七大流域为配合国家中长期的社会经济可持续发展规划，原则上都要进行四种阶段的供需分析。

④水资源供需平衡分析——动态模拟分析法

A. 水资源系统

一个区域的水资源供需系统可以看成是由水、用水、蓄水和输水等子系统组成的大系统。供水水源有不同的来水、储水系统，如地面水库、地下水库等，有本区产水和区外来水或调水，而且彼此互相联系、互相影响。用水系统由生活、工业、农业、环境等用水部门组成，输、配水系统既相对独立于以上的两子系统，又起到相互联系的作用。水资源系统可视为由既相互区别又相互制约的各个子系统组成的有机联系的整体，它既考虑到城市的用水，又要考虑到工农业和航运、发电、防洪除涝和改善水环境等方面的用水。水资源系统是一个多用途、多目标的系统，涉及社会、经济和生态环境等多项效益，因此，仅用传统的方法来进行供需分析和管理规划，是满足不了要求的。应该应用系统分析的方法，通过多层次和整体的模拟模型和规划模型以及水资源决策支持系统，进行各个子系统和全区水资源多方案调度，以寻求解决一个区域水资源供需的最佳方案和对策，下面介绍一种水资源供需平衡分析动态模拟的方法。

B. 水资源系统供需平衡的动态模拟分析方法

该方法的主要内容包括以下几方面。

a. 基本资料的调查收集和分析基本资料是模拟分析的基础，它决定了成果的好坏，故要求基本资料准确、完整和系列化。基本资料包括来水系列、区域内的水资源量和质、各部门用水（如城市生活用水、工业用水、农业用水等）、水资源工程资料、有关基本参数资料（如地下含水层水文地质资料、渠系渗漏水库蒸发等）以及相关的国民经济指标的资料等。

b. 水资源系统管理调度包括水量管理调度（如地表水库群的水调度、地表水和地下水的联合调度、水资源的分配等）、水量水质的控制调度等。

c. 水资源系统的管理规划通过建立水资源系统模拟来分析现状和不同水平年的各个用水部门（城市生活、工业和农业等）的供需情况（供水保证率和可能出现的缺水状况）；解决各种工程和非工程的水资源供需矛盾的措施，并进行定量分析；对工程经济、社会和环境效益的分析和评价等。

与典型年法相比，水资源供需平衡动态模拟分析方法具有以下特点。

a. 该方法不是对某一个别的典型年进分析，而是在较长的时间系列里对一个地区的水资源供需的动态变化进行逐个时段模拟和预测，因此可以综合考虑水资源系统中各因素随时间变化及随机性而引起的供需的动态变化。例如，将最小计算时段选择为天，则既能反映水均衡在年际的变化，又能反映在年内的动态变化。

b. 该方法不仅能对整个区域的水资源进行动态模拟分析，而且由于采用不同子区和不同水源（地表水与地下水、本地水资源和外域水资源等）之间的联合调度，能考虑它们之间的相互联系和转化，因此该方法能够反映水在时间上的动态变化，也能够反映地域空间上的水供需的不平衡性。

c. 该方法采用系统分析方法中的模拟方法，仿真性好，能直观形象地模拟复杂的水资源供需关系和管理运行方面的功能，可以按不同调度及优化的方案进行多方案模拟，并可以对不同方案的供水的社会经济和环境效益进行评价分析，便于了解不同时间、不同地区的供需状况以及采取对策措施所产生的效果，使得水资源在整个系统中得到合理的利用，这是典型年法所无法比拟的。

d. 模拟模型的建立、检验和运行由于水资源系统比较复杂，涉及的方面很多，诸如水量和水质、地表水和地下水的联合调度、地表水库的联合调度、本地区和外区水资源的合理调度、各个用水部门的合理配水、污水处理及其再利用等。因此，在这样庞大而又复杂的系统中有许多非线性关系和约束条件在最优化模型中无法解决，而模拟模型具有很好的仿真性能，这些问题在模型中就能得到较好的模拟。但模拟并不能直接解决规划中的最优解问题，而是要给出必要的信息或非劣解集。可能的水供需平衡方案很多，需要决策者来选定。为了使模拟给出的结果接近最优解，往往在模拟中规划好运行方案，或整体采用模拟模型，而局部采用优化模型。也常常将这两种方法结合起来，如区域水资源供需分析中的地面水库调度采用最优化模型，使地表水得到充分的利用，然后对地表水和地下水采用模拟模型联合调度，来实现水资源的合理利用。

二、水资源水质管理

水体的水质标志着水体的物理（如色度、浊度、臭味等）、化学（无机物和有机物的含量）和生物（细菌、微生物、浮游生物、底栖生物）的特性及其组成的状况。在水文循环过程中，天然水水质会发生一系列复杂的变化，自然界中完全纯净的水是不存在的，水体的水质一方面决定于水体的天然水质，而更加重要的是随着人口和工农业的发展而导致的人为水质水体污染。因此，必须对水资源的水质进行管理，通过调查水资源的污染源实行水质监测，进行水质调查和评价，制定有关法规和标准，制定水质规划等。水资源水质管理的目标是注意维持地表水和地下水的水质是否达到国家规定的不同要求标准，特别是保证对饮用水源地不受污染，以及风景游览区和生活区水体不致发生富营养化和变臭。

水资源用途的广泛，不同用途对水资源的水质要求也不一致，为适用于各种供水目的，我国制定颁布了许多水质标准和行业标准，如《地表水环境质量标准》（GB 3838—2002）、《地下水质量标准》（GB/T 14848—1993）、《生活饮用水卫生标准》（GB 5749—2006）、《农田灌溉水质标准》（GB 5084—2021）和《污水综合排放标准》（GB 8978—1996）等。

（一）《地表水环境质量标准》

为贯彻执行《中华人民共和国环境保护法》和《中华人民共和国水污染防治法》，防治水污染，保护地表水水质，保障人体健康，维护良好的生态系统，制定《地表水环境质量标准》（GB 3838—2002）。本标准运用于中华人民共和国领域内江河、湖泊、运河、渠道、水库等具有使用功能的地表水水域，具有特定功能的水域，执行相应的专业水质标准。

正确认识我国水资源质量现状，加强对水环境的保护和治理是我国水资源管理工作的一项重要内容。

（二）《地下水质量标准》

为保护和合理开发地下水资源，防止和控制地下水污染，保障人民身体健康，促进经济建设，特制定《地下水质量标准》（GB/T 14848—1993）。本标准是地下水勘查评价、开发利用和监督管理的依据，适用于一般地下水，但不适用于地下热水、矿水、盐卤水。

据有关部门统计，我国地下水环境并不乐观，地下水污染问题日趋严重，我国北方丘陵山区及山前平原地区的地下水水质较好，中部平原地区地下水水质较差，滨海地区地下水水质最差，南方大部分地区的地下水水质较好，可直接作为饮用水饮用。

三、水资源水量与水质统一管理

联合国教育、科学及文化组织和世界气象组织共同制定的《水资源评价活动——国家评价手册》将水资源定义为：可以利用或有可能被利用的水源，具有足够的数量和可用的质量，并能在某一地点为满足某种用途而可被利用。从水资源的定义看，水资源包含水量和水质两个方面的含义，是"水量"和"水质"的有机结合，二者互为依存，缺一不可。

造成水资源短缺的因素有很多，其中两个主要因素是资源性缺水和水质性缺水。资源性缺水是指当地水资源总量少，不能适应经济发展的需要，形成供水紧张；水质性缺水是大量排放的废污水造成淡水资源受污染而短缺的现象。很多时候，水资源短缺并不是由于资源性缺水造成的，而是由于水污染使水资源的水质达不到用水要求。

水体本身具有自净能力，只要进入水体的污染物的量不超过水体自净能力的范围，便不会对水体造成明显的影响，而水体的自净能力与水体的水量具有密切的关系，同等条件下，水体的水量越大，允许容纳的污染物的量就越多。

地球上的水体受太阳能的作用，不断地进行相互转换和周期性的循环过程。在水循环过程中，水不断地与其周围的介质发生复杂的物理和化学作用，从而形成自己的物理性质和化学成分。自然界中完全纯净的水是不存在的。

因此，进行水资源水量和水质管理时，需将水资源水量与水质进行统一管理，只考虑水资源水量或者水质，都是不可取的。

第四节　水价管理

水资源管理措施可分为制度性和市场性两种手段，对于水资源的保护，制度性手段可限制不必要的用水，市场性手段是用价格刺激自愿保护，市场性管理就是应用价格的杠杆作用，调节水资源的供需关系，达到资源管理的目的。一个完善合理的水价体系是我国现代水权制度和水资源管理体制建设的必要保障。价格是价值的货币表现，研究水资源价格首先要研究水资源价值。

一、水资源价值

（一）水资源价值论

水资源有无价值，国内外学术界有不同的解释。研究水资源是否具有价值的理论学说有劳动价值论、效用价值论、生态价值论和哲学价值论等，下面简要介绍劳动价值论与效用价值论。

1. 劳动价值论

马克思在其政治经济学理论中，把价值定义为抽象劳动的凝结，即物化在商品中的抽象劳动。价值量的大小取决于商品所消耗的社会必要劳动时间的多少，即在社会平均的劳动熟练程度和劳动强度下，制造某种使用价值所需的劳动时间。运用马克思的劳动价值论来考察水资源的价值，关键在于水资源是否凝结着人类的劳动。

对于水资源是否凝结着人类的劳动，存在两种观点，一种观点认为，自然状态下的水资源是自然界赋予的天然产物，不是人类创造的劳动产品，没有凝结人类的劳动，因此，水资源不具有价值。另一种观点认为，随着时代的变迁，当今社会早已不是马克思所处的年代，在过去，水资源的可利用量相对比较充裕，不需要人们再付出具体劳动就会自我更新和恢复，因而在这一特定的历史条件下，水资源似乎是没有价值的。随着社会经济的高速发展，水资源短缺等问题日益严重，这表明水资源仅仅依靠自然界的自然再生产已不能满足日益增长的经济需求，我们必须付出一定的劳动参与水资源的再生产，水资源具有价值又正好符合劳动价值论的观点。

上述两种观点都是从水资源是否物化人类的劳动为出发点展开论证的，但得出的结论却截然相反，究其原因，主要是劳动价值论是否适用于现代的水资源。随着时代的变迁和社会的发展与进步，单纯利用劳动价值论来解释水资源是否具有价值是有一定困难的。

2.效用价值论

效用价值论是从物品满足人的欲望能力或人对物品效用的主观评价角度来解释价值及其形成过程的经济理论。物品的效用是物品能够满足人的欲望程度。价值则是人对物品满足人的欲望的主观估价。

效用价值论认为，一切生产活动都是创造效用的过程，然而人们获得效用却不一定非要通过生产来实现。效用不但可以通过大自然的赐予获得，而且人们的主观感觉也是效用的一个源泉。只要人们的某种欲望或需要得到了满足，人们就获得了某种效用。

边际效用论是效用价值论后期发展的产物，边际效用是指在不断增加某一消费品所取得一系列递减的效用中，最后一个单位所带来的效用。边际效用论主要包括四个观点：价值起源于效用，效用是形成价值的必要条件，同时它又以物品的稀缺性为条件，效用和稀缺性是价值得以出现的充分条件；价值取决于边际效用量，即满足人的最后的即最小欲望的那一单位商品的效用；边际效用递减和边际效用均等规律，边际效用递减规律是指人们对某种物品的欲望程度随着享用的该物品数量的不断增加而递减，边际效用均等规律（也称边际效用均衡定律）是指不管几种欲望最初绝对量如何，最终使各种欲望满足的程度彼此相同，才能使人们从中获得的总效用达到最大；效用量是由供给和需求之间的状况决定的，其大小与需求强度成正比例关系，物品的价值最终是由效用性和稀缺性共同决定的。

根据效用价值理论，凡是有效用的物品都具有价值，很容易得出水资源具有价值。因为水资源是生命之源、文明的摇篮、社会发展的重要支撑和构成生态环境的基本要素，对人类具有巨大的效用。此外，水资源短缺已成为全球性问题，水资源满足既短缺又有用的条件。

根据效用价值理论，能够很容易得出水资源具有价值，但效用价值论也存在几个问题，如效用价值论与劳动价值论相对抗，将商品的价值混同于使用价值或物品的效用，效用价值论决定价值的尺度是效用。

（二）水资源价值的内涵

水资源价值可以利用劳动价值论、效用价值论、生态价值论和哲学价值论等进行研究和解释，但不管采用哪种价值论来解释水资源价值，水资源价值的内涵主要表现在以下三个方面。

1.稀缺性

稀缺性是资源价值的基础，也是市场形成的根本条件，只有稀缺的东西才会具有经济学意义上的价值，才会在市场上有价格。对水资源价值的认识，是随着人类社会的发展和水资源稀缺性的逐步提高（水资源供需关系的变化）而逐渐发展和形成的，水资源价值也存在从无到有、由低向高的演变过程。

资源价值首要体现的是其稀缺性，水资源具有时空分布不均匀的特点，水资源价值的大小也是其在不同地区、不同时段稀缺性的体现。

2.资源产权

产权是与物品或劳务相关的一系列权利或一组权利。产权是经济运行的基础，商品和劳务买卖的核心是产权的转让，产权是交易的基本先决条件。资源配置、经济效率和外部性问题都和产权密切相关。

从资源配置角度看，产权主要包括所有权、使用权、收益权和转让权。要实现资源的最优配置，转让权是关键。要体现水资源的价值，一个很重要的方面就是对其产权的体现。产权体现的是所有者对其拥有的资源的一种权利，是规定使用权的一种法律手段。

我国宪法第一章第九条明确规定，水流等自然资源属于国家所有，禁止任何组织或者个人用任何手段侵占或者破坏自然资源。《中华人民共和国水法》第一章第三条明确规定，水资源属于国家所有，水资源的所有权由国务院代表国家行使；国家鼓励单位和个人依法开发、利用水资源，并保护其合法权益，开发、利用水资源的单位和个人有依法保护水资源的义务。上述规定表明，国家对水资源拥有产权，任何单位和个人开发利用水资源，即是水资源使用权的转让，需要支付一定的费用，这是国家对水资源所有权的体现，这些费用也正是水资源开发利用过程中所有权及其所包含的其他一些权力（使用权等）的转让的体现。

3.劳动价值

水资源价值中的劳动价值主要是指水资源所有者为了在水资源开发利用和交易中处于有利地位，需要通过水文监测、水资源规划和水资源保护等手段，对其拥有的水资源的数量和质量进行调查和管理，这些投入的劳动和资金，必然使得水资源价值中拥有一部分劳动价值。

水资源价值中的劳动价值是区分天然水资源价值和已开发水资源价值的重要标志，若水资源价值中含有劳动价值，则称其为已开发的水资源，反之，称其为尚未开发的水资源。尚未开发的水资源同样有稀缺性和资源产权形成的价值。

水资源价值的内涵包括稀缺性、资源产权和劳动价值三个方面。对于不同水资源类型来讲，水资源的价值所包含的内容会有所差异，比如对水资源丰富程度不同的地区来说，水资源稀缺性体现的价值就会不同。

（三）水资源价值定价方法

水资源价值的定价方法包括影子价格法、市场定价法、补偿价格法、机会成本法、供求定价法、级差收益法和生产价格法等，下面简要介绍影子价格法、市场定价法、补偿价格法、机会成本法等方法。

1.影子价格法

影子价格法是通过自然资源对生产和劳务所带来收益的边际贡献来确定其影子价格，然后参照影子价格将其乘以某个价格系数来确定自然资源的实际价格。

2.市场定价法

市场定价法是用自然资源产品的市场价格减去自然资源产品的单位成本，从而得到自然资源的价值。市场定价法适用于市场发育完全的条件。

3.补偿价格法

补偿价格法是把人工投入增强自然资源再生、恢复和更新能力的耗费作为补偿费用来确定自然资源价值定价的方法。

4.机会成本法

机会成本法是按自然资源使用过程中的社会效益及其关系，将失去的使用机会所创造的最大收益作为该资源被选用的机会成本。

二、水价

（一）水价的概念与构成

水价是指水资源使用者使用单位水资源所付的价格。

水价应该包括商品水的全部机会成本，水价的构成概括起来应该包括资源水价、工程水价和环境水价。目前多数国家都在实行这种机制。资源水价、工程水价和环境水价的内涵如下。

1. 资源水价

资源水价即水资源价值或水资源费，是水资源的稀缺性、产权在经济上的实现形式。资源水价包括对水资源耗费的补偿和对水生态（如取水或调水引起的水生态变化）影响的补偿；为加强对短缺水资源的保护，促进技术开发，还应包括促进节水、保护水资源和海水淡化技术进步的投入。

2. 工程水价

工程水价是指通过具体的或抽象的物化劳动把资源水变成产品水，进入市场成为商品水所花费的代价，包括工程费（勘测、设计和施工等）、服务费（运行、经营、管理维护和修理等）和资本费（利息和折旧等）的代价。

3. 环境水价

环境水价是指经过使用的水体排出用户范围后污染了他人或公共的水环境，为污染治理和水环境保护所需要的代价。

资源水价作为取得水权的机会成本，受到需水结构和数量、供水结构和数量、用水效率和效益等因素的影响，在时间和空间上不断变化。工程水价和环境水价主要受取水工程和治污工程的成本影响，通常变化不大。

（二）水价制定原则

制定科学合理的水价，对加强水资源管理、促进节约用水和保障水资源可持续利用等具有重要意义。制定水价时应遵循以下四个原则。

1. 公平性和平等性原则

水资源是人类生存和社会发展的物质基础，而且水资源具有公共性的特点，任何人都享有用水的权利。水价的制定必须保证所有人都能公平和平等地享受用水的权利。此外，水价的制定还要考虑行业、地区以及城乡之间的差别。

2.高效配置原则

水资源是稀缺资源，水价的制定必须重视水资源的高效配置，以发挥水资源的最大效益。

3.成本回收原则

成本回收原则是指水资源的供给价格不应小于水资源的成本价格，它是保证水经营单位正常运行、促进水投资单位投资积极性的一个重要举措。

4.可持续发展原则

可持续发展原则是指水资源的可持续利用是人类社会可持续发展的基础。水价的制定，必须有利于水资源的可持续利用，因此，合理的水价应包含水资源开发利用的外部成本（如排污费或污水处理费等）。

（三）水价实施种类

水价实施种类有单一计量水价、固定收费、二部制水价、季节水价、基本生活水价、阶梯式水价、水质水价、用途分类水价、峰谷水价、地下水保护价和浮动水价等。

第五节　水资源管理信息系统

一、信息化与信息化技术

（一）信息化

信息化是指培养、发展以计算机为主的智能化工具为代表的新生产力，并使之造福于社会的历史过程（百度百科）。

（二）信息化技术

信息化技术是以计算机为核心，包括网络、通信、3S 技术、遥测、数据库、多媒体等技术的综合。

二、水资源管理信息化的必要性

水资源管理是一项涉及面广、信息量大和内容复杂的系统工程，水资源管理决策要科学、合理、及时和准确。水资源管理信息化的必要性包括以下几个方面。

第一，水资源管理是一项复杂的水事行为，需要收集、储存和处理大量的水资源系统信息，传统的方法难以实现，信息化技术在水资源管理中的应用，能够实现水资源信息系统管理的目标。

第二，远距离水信息的快速传输，以及水资源管理各个业务数据的共享也需要现代网络或无线传输技术。

第三，复杂的系统分析也离不开信息化技术的支撑，它需要对大量的信息进行及时和可靠的分析，特别是对于一些突发事件的实时处理，如洪水问题，需要现代信息技术做出及时的决策。

第四，对水资源管理进行实时的远程控制管理等也需要信息化技术的支撑。

三、水资源管理信息系统

（一）水资源管理信息系统的概念

水资源管理信息系统是传统水资源管理方法与系统论、信息论、控制论和计算机技术的完美结合。它具有规范化、实时化和最优化管理的特点，是水资源管理水平的一个飞跃。

（二）水资源管理信息系统的结构

为了实现水资源管理信息系统的主要工作，水资源管理信息系统一般由数据库、模型库和人机交互系统三部分组成。

（三）水资源管理信息系统的建设

1.建设目标

水资源管理信息系统建设的具体目标：实时、准确地完成各类信息的收集、处理和存储；建立和开发水资源管理系统所需的各类数据库；建立适用于可持续发展目标下的水资源管理模型库；建立自动分析模块和人机交互系统；具有水资源管理方案提取及分析功能；能够实现远距离信息传输功能。

2.建设原则

水资源管理信息系统是一项规模强大、结构复杂、功能强、涉及面广、建设周期长的系统工程。为实现水资源管理信息系统的建设目标，水资源管理信息系统建设过程中应遵循以下八个原则。

实用性原则：系统各项功能的设计和开发必须紧密结合实际，能够将其运用于生产过程中，最大限度地满足水资源管理部门的业务需求。

先进性原则：系统在技术上要具有先进性（包括软硬件和网络环境等的先进性），确保系统具有较强的生命力、高效的数据处理与分析等能力。

简捷性原则：系统使用对象并非全都是计算机专业人员，故系统表现形式要简单直观、操作简便、界面友好、窗口清晰。

标准化原则：系统要强调结构化、模块化、标准化，特别是接口要标准统一，保证连接通畅，可以实现系统各模块之间、各系统之间的资源共享，保证系统的推广和应用。

灵活性原则：系统各功能模块之间能灵活实现相互转换，能随时为使用者提供所需的信息和动态管理决策。

开放性原则：系统采用开放式设计，保证系统信息不断补充和更新；具备与其他系统的数据和功能的兼容能力。

经济性原则：在保持实用性和先进性的基础上，以最小的投入获得最大的产出，如尽量选择性价比高的软硬件配置，降低数据维护成本，缩短开发周期，降低开发成本。

安全性原则：应当建立完善的系统安全防护机制，阻止非法用户的操作，保障合法用户能方便地访问数据和使用系统；系统要有足够的容错能力，保证数据的逻辑准确性和系统的可靠性。

第八章　水资源再生利用

第一节　水资源再生利用理论

随着人类对水的需求不断增加，污水的产生量也越来越大。与此同时，全世界许多地区的可用水资源已经接近或达到极限。在这种情况下，水的再生利用无疑成为贮存和扩充水源的有效方法。此外，污水再生利用工程的实施，不再将处理出水排放到脆弱的地表水系，这也为社会提供了新的污水处理方法和污染减量方法。因此，正确实施非饮用性污水再生利用工程，可以满足社会对水的需求而不产生任何已知的显著健康风险，已经被越来越多的城市和农业地区的公众所接收和认可。

一、水资源再生利用定义

水资源的再生性是指水资源存储量可以通过某种循环不断补充，且能够重复开发利用的特征，这是水资源的一个基本属性，这种特性使得水资源可以通过水文循环不断地更新再生。而这种更新再生也是有一定限度的，国际上一致认为水资源最大利用量不能超过其再生量。北京师范大学环境学院曾维华教授从水资源可持续开发的角度提出开发度的概念，并指出水资源的开发不能超过水资源生态系统的承受能力（开发度）。法国在水资源管理中把水资源可再生性作为流域管理的主要原则之一。由此可见，水资源可再生性的研究具有重要意义。

水资源的可再生性包括两个方面的含义，即水质恢复和水量再生。水质恢复包括自然净化引起的水质恢复和人工处理净化引起的水质恢复；水量再生包括自然循环的水资源量再生和社会循环的水资源量再生。

水资源的可再生性包括自然再生和社会再生，而水资源的可再生能力是由可再生性决定的，具有相对性、波动性和时空分布变异性的特征。水资源的自然再生能力取决于水资源的自然循环——降水、径流、蒸发、地形以及水文地质条件等。自然再生是指水资源在自然环境中通过参与自然循环而得到再生，在此，水资源的可再生性与传统的可更新性或可恢复性同义。水资源的社会再生是指水资源在城乡地区通过参与社会循环，即人类的干预而再次获得使用价值的过程。

二、水资源再生利用途径

水资源再生利用到目前为止已开展 60 多年，再生的污水主要是指城市污水。城市污水量与城市供水量几乎相等。在如此大量的城市污水中，只含有 0.1% 的污染物质，比海水 3.5% 少得多，其余绝大部分是可再用的清水。水在自然界中是唯一不可替代，也是唯一可以重复利用的不变质的资源。当今世界各国解决缺水问题时，再生水被视为"第二水源"。

不同的用水目的对水质的要求各不相同，因此，只要污水再生后能够达到相应的水质要求，就能够进行重复使用。一般来说，污水再生利用主要针对直接饮用以外的用水目的。参照国内外水资源再生利用的实践经验，再生水的利用途径可以分为城市杂用、工业回用、农业回用、景观与环境回用、地下水回灌以及其他回用等几个方面。

（一）城市杂用

污水回用主要用于城市杂用，具体是指为以下用水提供再生水。

第一，公园等娱乐场所、田径场、校园、运动场、高速公路中间带和路肩以及美化区周围公共场所和设施等灌溉；

第二，住宅园区内的绿化、一般冲洗和其他维护设施等用水；

第三，商业区、写字楼和工业开发区周围的绿化灌溉；

第四，高尔夫球场的灌溉；

第五，车辆冲洗、洗衣店、窗户清洗用水，用于杀虫剂、除草剂一级液态肥料的配制用水；

第六，景观用水和装饰用水景，如喷泉、反射池和瀑布；

第七，建筑工地扬尘和配制混凝土用水；

第八，连接再生水消防栓的消防设备用水；

第九，商业和工业建筑内的卫生间和便池的冲洗。

在城市杂用中，绿化用水通常是再生水利用的重点。在美国的一些城市，有资料表明普通家庭的室内用水量：室外用水量 =1 ：3.6，其中室外用水主要用于花园的绿化。如果能普及自来水和杂用水分别供水的"双管道供水系统"，则住宅区自来水用量可减少 78%。我国的住宅区绿化用水比例虽然没有这么高，但也呈现逐年增长的趋势。在一些新开发的生态小区，绿化率为 40%~50%，这就需要大量的绿化用水，约占小区总用水量的 1/3 或更高。

城市污水回用于生活杂用水可以减少城市污水排放量，节约资源，利于环境保护。城市杂用水的水质要求较低，因此处理工艺也相对简单，投资和运行成本低。因此，再生水城市杂用将是未来城市发展的重要依托。

（二）工业回用

自 20 世纪 90 年代以来，世界的水资源短缺及关于水源保持和环境友好的一系列环境法规的颁布，使得再生水在工业方面的利用不断增加。将污水回用于工业生产主要有以下几种途径。

1. 工业冷却水

对大多数工业企业来说，再生水被大量用作冷却水，如果处理好冷却水系统中再生水使用时经常出现的沉淀、腐蚀和生物繁殖等问题，再生水的使用将更加广泛。使用再生水的冷却水系统有两种基本类型——直流型和回流蒸发型。其中，回流蒸发型冷却水系统为最常用的再生水系统。直流型冷却水系统含有一条普通的冷却水通路，冷热流体流经热交换器，没有蒸发过程，因此，冷却水没有消耗或者浓缩。目前，有少数直流型冷却水系统使用再生水。回流蒸发型冷却水系统采用再生水吸收加工过程中释放的热量，然后通过蒸发转移吸收的热量。由于冷却水在回流过程中有损失，因此需要定期补充一定量的水。使用再生水的回流蒸发型系统有两种基本类型——冷却塔和喷淋冷却池，有各自适宜的使用范围。

2. 锅炉用水

再生水回用于锅炉补给水和用于常规的公共用水区别不大，两者都需要附加处理措施。锅炉补给水的水质要根据锅炉运行压力而定。一般来说，压力越高，水质要求越高。超高压力（10 340 kPa 或以上）的锅炉需要相应高品质的再生水。

一般来说，严格的再处理措施和相对少的再生水需求量，使得再生水作为锅炉补给水的应用受到限制。

3. 工业过程用水

再生水回用于工业过程的适用性与工业企业的性质有关。例如，电子行业对水质的要求很高，要用蒸馏水冲洗电路板和其他电子器件。而与此相反，皮革厂就可以接受低品质的用水。纺织、制浆造纸以及金属制造等行业的用水水质介于上述两者之间。因此，对再生水的工业利用途径做可行性评价时，要注意不同工业对用水质量的需求条件。

4. 生产厂区绿化、消防

将再生水回用于工厂厂区内的绿化、消防等杂用，这些应用对再生水的品质要求不是很高，但也要注意降低再生水内的腐蚀性因素。

（三）农业回用

在水资源的利用中，农业灌溉用水占的比例最大，且水质要求一般也不高，因此，农业灌溉是再生水回用的主要途径之一。再生水回用于农业灌溉已有悠久历史，目前是各个国家最为重视的污水回用方式。再生水回用于农业灌溉，既解决了缺水问题，又能利用污水的肥效（城市污水中含氮、磷、有机物等），还可利用土壤－植物系统的自然净化功能减轻污染。一般城市污水要求的二级处理或城市生活污水的一级处理即可满足农灌要求。除生食蔬菜和瓜果的成熟期灌溉外，对于粮食作物、饲料、林业、纤维和种子作物的灌溉，一般不必消毒。

就回用水应用的安全可靠性而言，再生水回用于农业灌溉的安全性是最高的，可基本满足对其水质的要求。再生水回用于农业灌溉的水质要求指标主要包括含盐量、选择性离子毒性、氮、重碳酸盐、pH 值等。

（四）景观与环境回用

再生水的景观回用途径包括景观用水、高尔夫球场的水障碍区和水上娱乐设施（如再生水与人体可能发生偶然接触的垂钓、划船以及再生水与人体发生全面接触的游泳、涉水等娱乐消遣项目）。再生水在环境方面的利用途径主要包括改善和修复现有湿地，建立作为野生动物栖息地和庇护所的湿地，以及补给河流等。

虽然城市污水厂的处理水一般都最终排入河流等水体，也起到了补充河流水量的作用，但这里所说的景观与环境回用是指有目的地将再生水回用到景观水体、水上娱乐设施等。这一方面的回用在国外已有许多范例，如在美国得克萨斯州的 Las Colinas 市，总面积为108公顷的19个人工湖都是用再生水来进行补水的；佛罗里达州目前有约 6% 的再生水用于改善和修复湿地；日本许多城市广泛开展的"亲水事业"就是利用城市生活污水厂的再生水营造水景和溪流，增进人们与水的亲近感。

再生水回用于景观娱乐水体时，其基本的水质指标是细菌数、化学物质、浊度、DO（溶氧量）和 pH 值等。对于人体直接接触的娱乐用水，再生水不应含有毒、有刺激性物质和病原微生物，通常要求再生水经过过滤和充分消毒后才可回用作娱乐用水。我国 2002 年年底颁布了《城市污水再生利用——景观环境用水水质标准》，并于 2003 年 5 月 1 日正式实施。美国许多州也已经制定了环境和娱乐用水的相关规范。加利福尼亚州对于娱乐回用方面再生水水质的确定，充分考虑了使用过程中再生水和人体的接触风险。对于用于垂钓、划船等人体非直接接触的再生水，要求进行二级处理，并保证消毒效果达到平均总大肠菌群数低于 2.2 个 /100 mL。而对于包括涉水、游泳等无限制的娱乐用水，再生水在经过二级处理后，还需要进行混凝、过滤处理，并保证消毒效果达到平均总大肠菌群数低于 2.2 个 /100 mL，任何样品总大肠菌群数的最大检出量不得超过 23 个 /100 mL，取样周期为 30d。

（五）地下水回灌

地下水回灌包括天然回灌和人工回灌，回灌方式有三种：第一种方式是直接地表回灌，包括漫灌、塘灌、沟灌等，即在透水性较好的土层上修建沟渠、塘等蓄水建筑物，利用水的自重进行回灌，是应用最广泛的回用方式；第二种方式是直接地下回灌，即注射井回灌，它适合于地表土层透水性较差或地价昂贵，没有大片的土地用于蓄水，或要回灌承压含水层，或要解决寒冷地区冬季回灌越冬问题等情况；第三种方式是间接回灌，如通过河床利用水压实现污水的渗滤回灌，多用于被严重污染的河流。

城市污水处理后回用于地下水回灌的目的主要有以下几个。

（1）增加可饮用或非饮用的地下蓄水层，补充地下水供应；

（2）控制和防止地面沉降；

（3）防止海水及苦咸水入侵；

（4）贮存地表水（包括雨水、洪水和再生水）；

（5）利用地下水层达到污水进一步深度处理的目的。

回灌再生水可用于农业、工业以及用于建立水力屏障。当再生水回灌到均匀砂粒含水层中时，在回灌点几百米距离内，绝大部分病毒和细菌都能有效去除。但回灌于砾石形成的不均匀含水层时，即使经过相当长距离，也可能仅去除很少或不能去除微生物。回灌的再生水预处理程度受抽取水的用途（出水水质要求）、土壤性质与地质条件（含水层性质）、地下水量与进水量（被稀释程度）、抽水量（抽取速度）以及回灌与抽取之间的平均停留时间、距离等因素影响。水在回灌前除需经生物处理（包括硝化与脱氮），还必须有效地去除有毒有机物与重金属。此外，影响再生水回灌的主要指标还有朗格利尔指数（产生结垢）、浑浊度（引起堵塞）、总细菌数（形成生物黏泥）、氧浓度（引起腐蚀）、硫化氢浓度（引起腐蚀）、悬浮物浓度（造成阻塞）、总溶解矿物质（抽取水用于灌溉时）。

污水处理后在回灌过程中通过土壤的渗滤能得到进一步的处理，最后使再生水和地下水成为一体。因此，采用直接注水到含水层需要重视公共卫生的问题，其污水处理应满足饮用水标准；而采用回灌水池，一般二级出水或增加流水线即可满足要求。使用再生水回灌地下水必须注意以下四个水质要求，即传染病菌、矿物质总量、重金属和稳定的有机质。目前有机污染物比无机或微生物污染物的威胁更大，有些化学污染物通过实验室动物试验发现具有致癌性和致变性。

再生水回用于地下水回灌，其水质一般应满足以下一些条件。首先，要求再生水的水质不会造成地下水的水质恶化；其次，再生水不会引起注水井和含水层堵塞；最后，要求再生水的水质不腐蚀注水系统的机械和设备。

在美国，地下水回灌已经有几十年的运行经验。1972 年投入运行的加利福尼亚州 21 世纪水厂将污水处理厂出水经深度处理后回灌入含水层以阻止海水入侵。人工地下水回灌也是以色列国家供水系统的重要组成部分，目前回灌水量超过 $8\,000 \times 10^4 \mathrm{m}^3/\mathrm{a}$。对这样一个缺水国家的供水保障起到了重要作用。我国山东省即墨区的田横岛将生活污水处理后回灌入地下，经土壤含水层处理后作为饮用水源，其各项水质指标均符合我国饮用水标准，解决了岛上水资源严重不足的问题，是国内再生水用于地下水回灌的成功范例。

（六）其他回用

再生水除了上述几种主要的回用方式外，还有其他一些回用方式，如建筑中水回用和饮用水源扩充。

1. 建筑中水

建筑中水是指单体建筑、局部建筑楼群或小规模区域性的建筑小区的各种排水，经适当处理后循环回用于原建筑物作为杂用的供水系统。建筑中水不仅是污水回用的重要形式之一，也是城市生活节水的重要方式。建筑中水具有灵活、易于建设、无须长距离输水、运行管理方便等优点，是一种较有前途的污水直接再生利用方式，尤其对大型公共建筑、宾馆和新建高层住宅区来说作用更大。

在使用建筑中水时，为了确保用户的身体健康、用水方面和供水的稳定性，适应不同的用途，通常要求中水的水质条件应满足以下几点：①不产生卫生方面的问题；②利用时不产生故障；③利用时无嗅觉和视觉上的不快感；④对管道、卫生设备等不产生腐蚀和堵塞等影响。

建筑中水回用处理工艺的典型流程如下：

生活污水→格栅→调节池→生物接触氧化沉淀池→净水器→贮水池→中水用户。

2. 饮用水源扩充

从自然水循环的角度，无论是经过处理还是未处理的污水，最终都会以不同的方式直接或间接排入天然水体。这些天然水体很可能也是饮用水的水源地，因此，其结果也可以认为是饮用水源的补充。但这里所讨论的饮用水源扩充不是指这种自然水循环过程，而是指有目的地利用再生水扩充饮用水源，其形式主要包括：①直接饮用水回用；②间接饮用水回用；③通过地下水回灌的饮用水回用。

直接饮用水回用是指经过深度处理的再生水直接作为饮用水的回用，也称为"管道对管道回用"。从水处理技术上，将城市生活污水处理到满足饮用目的的水质是完全可能的，如新加坡的"新水"工程，通过"二级处理＋微滤（MF）＋反渗透（RO）＋紫外线消毒"的处理流程，处理水质已优于新加坡的自来水供水水质。但是，由于传统意识和法律等方面的原因，新加坡目前还未对处理水进行直接饮用水回用。世界上真正进行直接饮用水回用的工程仅有一例，是在纳米比亚的温得和克市，采用"二级处理水（50%）＋水库水稀释（50%）＋臭氧预处理＋混凝＋

气浮＋过滤＋臭氧氧化＋生物活性炭＋两级活性炭吸附＋超滤"的处理流程进行处理后，直接供应城市自来水。

间接饮用水回用是将再生水输送到城市地表水源地（如水库、河流）的上游，美国的费城、辛辛那提、新奥尔良等城市都先后采用这种方式进行了再生水的间接饮用水回用。

通过地下水回灌的饮用水回用前面已经作了叙述。间接饮用水回用和通过地下水回灌的饮用水回用这两种方式比较容易实施，是目前国内外普遍考虑的再生水的饮用水回用方式。

三、水循环程中的水资源再生

水循环过程实际上伴随着水的再生，包括量的再生和质的再生。人们使用过的水，不论是在设有集中排水系统的地方还是没有排水系统的地方，都会通过管渠、自然排水沟、地表径流、土壤渗透等不同方式最终流回天然水体（地表水体或地下含水层），实现水的再生。在伴随着人为用水的水再生过程中，水质的再生是由两个过程来完成的：一是城市集中排水系统中的污水处理厂，通过应用工程技术去除污水中的部分污染物；二是土壤和地下含水层、河流、湖泊等水体的自然净化过程。在没有设置污水处理厂的地区，水质的再生则仅有上述第二个过程。实际上，在人类社会长期发展的过程中，通过工程技术的应用来完成水质的部分再生仅仅是近两个世纪的事情。其主要原因是在工业革命之后，伴随着工业的集中发展，人类聚居区域的扩大和城市的发展，人为用水工程中所发生的水质变化已对这些地区的自然水体造成巨大影响，从而影响到人们用水的需求。因此，人们不得不通过工程技术的方法弥补水体自然净化能力的不足。而在此之前，自然水系的水质保障完全是通过水体的自然净化过程来完成的，其条件就是人为的污染负荷没有超过自然净化能力的界限。

随着人类对自然过程的认识不断深化，自然规律不断被掌握，从而也使工程技术得到了一定的发展。因此，了解水循环中水资源的量和质的自然再生过程对我们明确水资源再生的必要性和可行性是有益的。

第二节 水资源再生处理技术

再生水处理技术经历了几十年快速发展，已由最初的单体工艺逐渐发展为目前多工艺段组合运行的各类集成工艺。大致经过了传统物化深度处理、生物脱氮除磷、膜滤技术及复合处理技术等一系列的发展过程。总体来看，目前再生水工艺技术在处理效率、整体造价、运行操作简便等方面协调的基础上，体现出各单元技术综合运用的趋势。在污水再生利用工程中，单元技术一般很难保证出水达到高品质再生水水质要求，常需要多种水处理技术的合理配置。

通常人们按照以下方法将再生水处理技术进行分类：一种是按照再生水工艺发展的时间历程分类；一种是按照应用方向进行分类；还有一种分类最为常见，是按照再生水净化机理进行分类，分为物理法、化学法、物化法、生物法。物理法是利用物理作用来分离水中的悬浮物和乳浊液，常见的有离心、澄清、过滤等方法。化学法是利用化学反应的作用来去除水中的溶解物质或胶体物质，常见的有中和、沉淀、氧化还原、催化氧化、微电解、电解絮凝等方法。物化法是利用物理化学作用来去除水中的溶解物质或胶体物质，主要有混凝、吸附、离子交换、膜分离等方法。生物法是利用微生物的代谢作用，使水中的有机污染物和无机微生物营养物转化为稳定、无害的物质，这其中主要的又是生物膜法，其中又包括曝气生物滤池、反硝化生物滤池、湿地处理等方法。

一、物理处理法

（一）格栅

格栅是一种物理处理方法，由一组（或多组）相平行的金属栅条与框架构成。将之倾斜安装在格栅井内，设在集水井或调节池的进口处，用来去除可能堵塞水泵机组及管道阀门的较粗大的悬浮物及杂物，以保证后续处理设施的正常运行。

工业废水处理一般先经粗格栅后再经细格栅。粗格栅的栅条间距一般采用10~25 mm，细格栅的栅条间距一般采用6~8 mm。小规模废水处理可采用人工清理的格栅，较大规模或粗大悬浮物及杂物含量较多的废水处理可采用机械格栅。

人工格栅是用直钢条制成的，一般与水平面成45°~60°倾角安放。倾角小时，清理时较省力，但占地面积较大。机械格栅的倾角一般为45°~60°。格栅栅条的断面形状有圆形、矩形及方形，目前多采用矩形断面的栅条。为了防止栅条间隙堵塞，废水通过栅条间距的流速一般采用0.6~1.0 m/s。

有时为了进一步截留或回收废水中较大的悬浮颗粒，可在粗格栅后设置隔网。

（二）调节

在工业废水处理中，由于废水水质水量的不均匀性，一般设置调节池进行水量和水质均衡调节，以改善废水处理系统的进水条件。

调节池的停留时间应满足调节废水水量和水质的要求。废水在调节池中的停留时间越长，均衡程度越高，但容积大，经济上不尽合理。通常根据废水排放量、排放规律和变化程度等因素，设计采用不同的调节时间，其范围可在4~24h之间取值，一般工业废水调节池的水力停留时间为8h左右。

在调节池中为了保证水质均匀，避免固体颗粒在池底部沉积，通常需要对废水进行混合。常用的混合方法有空气搅拌、机械搅拌、水泵强制循环、差流水力混合等方式。空气搅拌混合是通过所设穿孔管与鼓风机相连，用鼓风机将空气通入穿孔管进行搅拌，其曝气程度一般可取 $2 m^3/(m^2 \cdot h)$ 左右。采用机械搅拌混合时，为保持混合液呈悬浮状态，所需动力为 $5~8 W/m^3$ 水。机械搅拌设备有多种形式，如桨式、推进式、涡流式等。水泵强制循环混合方式是在调节池底设穿孔管，穿孔管与水泵压水管相连，用压力水进行搅拌，简单易行，混合也比较完全，但动力消耗较多。差流水力混合常采用穿孔导流槽布水进行均化，虽然无须能耗，但均化效果不够稳定，而且构筑物结构复杂，池底容易沉泥，目前还缺乏效果良好的构造形式。

空气搅拌的效果良好，能够防止水中悬浮物的沉积，且兼有预曝气及脱硫的效能，是工业废水处理中常用的混合方式。但是，这种混合方式的管路常年浸没于水中，易遭腐蚀，且有致使挥发性污染物逸散到空气中的不良后果，另外运行费用也较高。因此，在下列情况下，一般不宜采用空气搅拌：一是废水中含有有害的挥发物或溶解气体；二是废水中的还原性污染物有可能被氧化成有害物质；三是空气中的二氧化碳能使废水中的污染物转化为沉淀物或有毒挥发物。

（三）沉淀

沉淀是利用水中悬浮颗粒的可沉降性能，在重力作用下产生下沉以实现固液分离的过程，是废水处理中应用最广泛的物理方法。这种工艺简单易行，分离效果良好，是污水处理的重要工艺，应用非常广泛，在各种类型的污水处理系统中，沉淀几乎是不可缺少的一种工艺，而且还可能是多次采用，沉淀在污水处理系统中的各种功能如下。

在一级处理的污水处理系统中，沉淀是主要处理工艺，污水处理效果的高低，基本上是由沉淀的效果来控制的；在设有二级处理的污水处理系统中，沉淀具有多种功能，在生物处理设备前设初次沉淀池，以减轻后继处理设备的负荷，保证生物处理设备净化功能的正常发挥。在生物处理设备后设二次沉淀池，用以分离生物污泥，使处理水得到澄清；在灌溉或排入氧化塘前，污水也必须进行沉淀，以稳定水质，以去除寄生虫卵和堵塞土壤孔隙的固体颗粒。

根据污水中可沉物质的性质、凝聚性能的强弱及其浓度的高低，沉淀可分为四种类型。

第一类是自由沉淀。污水中的悬浮固体浓度不高，而且不具有凝聚性能。在沉淀过程中，固体颗粒不改变形状、尺寸，也不互相黏合，各自独立地完成沉淀过程。颗粒在沉砂池和在初次沉淀池内的初期沉淀即属于此类。

第二类是絮凝沉淀。污水中的悬浮固体浓度也不高，但具有凝聚性能，在沉淀的过程中，互相黏合，结合成为较大的絮凝体，其沉淀速度（简称沉速）是变化的。初次沉淀池的后期、二次沉淀池的初期沉淀就属于这种类型。

第三类是集团沉淀（也称为成层沉淀）。当污水中悬浮颗粒的浓度提高到一定浓度后，每个颗粒的沉淀将受到其周围颗粒的干扰，沉速有所降低，如浓度进一步提高，颗粒间的干涉影响加剧，沉速大的颗粒也不能超越沉速小的颗粒。在聚合力的作用下，颗粒群结合成为一个整体，各自保持相对不变的位置，共同下沉。液体与颗粒群之间形成清晰的界面，沉淀的过程实质上就是这个界面的下降过程。活性污泥在二次沉淀池的后期沉淀就属于这种类型。

第四类是压缩。这时浓度很高，固体颗粒相互接触，互相支撑，在上层颗粒的重力作用下，下层颗粒间隙中的液体被挤出界面，固体颗粒群被浓缩。活性污泥在二次沉淀池污泥斗中和在浓缩池的浓缩即属于这一过程。

在二次沉淀池中，活性污泥能够一次地经历上述四种类型的沉淀。活性污泥的自由沉淀过程是比较短促的，很快就过渡到絮凝沉淀阶段，而在沉淀池内的大部分时间都是属于集团沉淀和压缩。

沉淀池是废水处理工艺中使用最广泛的一种物理构筑物，可以应用到废水处理流程中的多个部位，如初次沉淀池、混凝沉淀池、化学沉淀池、二次沉淀池、污泥浓缩池等。沉淀池工艺设计的内容包括确定沉淀池的数量、沉淀池的类型、沉淀区尺寸、污泥区尺寸、进出水方式和排泥方式等。沉淀池常按水流方向分为平流沉淀池、竖流沉淀池、辐流沉淀池及斜板（斜管）沉淀池四种类型。

（四）气浮

气浮是一种有效的固－液和液－液分离方法，常用于含油废水和颗粒密度接近或小于水的密度的细小颗粒的分离。废水的气浮法处理技术是将空气溶入水中，减压释放后产生微小气泡，与水中悬浮的颗粒黏附，形成水－气－颗粒三相混合体系。颗粒黏附上气泡后，由于密度小于水的密度即浮上水面，从水中分离出来，形成浮渣层。

气浮法通常作为对含油污水隔油后的补充处理，即为二级生物处理之前的预处理。气浮能保证生物处理进水水质的相对稳定，或是放在二级生物处理之后作为二级生物处理的深度处理，确保排放出水水质符合有关标准的要求。

气浮法可以分为布气气浮法、电气浮法、生物及化学气浮法、溶气气浮法。

1.布气气浮法（分散空气气浮法）

该法利用机械剪切刀，将混合于水中的空气粉碎成细小气泡。例如，水泵吸水管吸气气浮、射流气浮、扩散板曝气气浮及叶轮气浮等，皆属此类。

2.电气浮法（电解凝聚气浮法）

该法在水中设置正负电极，当通上直流电后，一个电极（阴极）上即产生初生态微小气泡，同时还产生电解混凝等效应。

3.生物及化学气浮法

该法利用生物的作用或在水中投加化学药剂絮凝后放出气体。

4.溶气气浮法（溶解空气气浮法）

该法在青铜气液混合泵内使气体和液体充分混合，一定压力下使空气溶解于水并达到饱和状态，而后达到气浮作用。根据气泡析出时所处的压力情况，溶气气浮法又分压力溶气气浮法和溶气真空气浮法两种。压力溶气气浮法比溶气真空气浮法容易实现，只有特殊情况下才使用溶气真空气浮法。

气浮法处理工艺必须满足下列基本条件才能完成气浮处理过程，达到污染物质从水中去除的目的：必须向水中提供足够量的微小气泡；必须使废水中的污染物质能形成悬浮状态；必须使气泡与悬浮物质产生黏附作用；气泡直径必须达到一定的尺寸（一般要求在 20 μm 以下）。

（五）过滤

通过滤料介质的表面或滤层去除水体中悬浮固体和其他杂质的工艺称为过滤。城市污水二级处理出水仍含有部分悬浮颗粒及其他污染物，一般需经过混凝、沉淀和过滤工艺进行深度处理。对回用水水质要求较高时，过滤出水还需经活性炭吸附、超滤和反渗透等工艺处理。因此，过滤已成为水的再生与回用处理技术中关键的单元工艺。

一般认为过滤具有以下两方面的作用：一是进一步减少水中的悬浮物、有机物、磷、重金属和细菌等污染物；二是为后续处理工艺创造有利条件，保证后续工艺稳定、高效、节能地进行。

过滤是一个包括多种物理化学作用的复杂过程，主要是悬浮颗粒与滤料之间黏附作用的结果。经过众多学者的研究，悬浮颗粒必须经过迁移和附着两个过程才能被去除，这就是"两阶段理论"。颗粒迁移过程是悬浮颗粒去除的必要条件。被水挟带的颗粒随水流运动的过程中，悬浮颗粒脱离流线，向滤料表面迁移。Dr.Ives 等人认为颗粒的迁移分为五种情况，包括沉淀、扩散、惯性、阻截和水动力。Dr.O'melia 认为颗粒有三种物理迁移，即颗粒的布朗运动或分子扩散、流体运动以及重力将悬浮颗粒从流体中迁移至滤料表面。颗粒黏附是物理化学作用。当悬浮颗粒迁移到滤料表面时，如果滤料表面和悬浮颗粒表面性质能满足黏附条件，悬浮颗粒就被滤料捕捉。颗粒一般是在范德华力、静电力、化学键和化学吸附等作用下黏附在滤料表面的。研究发现，加药混凝后的颗粒在滤料表面的附着好于未经混凝的颗粒。对于胶体脱稳凝聚的絮体，主要是界面化学作用的结果，黏附效果较好。对于非脱稳凝聚的胶体粒子，则是分子架桥作用的结果，黏附效果较差。

当研究发现滤层的过滤随时间发生变化后，科学家通过实验发现了明显颗粒脱附现象，此结论得到了科学家们的共识。因此，悬浮颗粒完整的去除过程应包括：颗粒迁移、颗粒黏附、颗粒脱附。

颗粒脱附是在水流剪切力作用下悬浮颗粒从滤料表面脱落的过程。在整个过滤过程中，黏附与脱落共存，颗粒可能会由于水流冲刷力而脱落，但它又会被下层的滤料所黏附，导致颗粒在滤层内重新分布。黏附力与水流剪切力的综合作用决定了颗粒是被黏附还是脱附。滤池冲洗时，剪切力大于黏附力，颗粒由滤料表面脱附，滤层被冲洗干净。

过滤池按作用水头分，有重力式滤池和压力式滤池两类。虹吸滤池、无阀滤池为自动冲洗滤池。各种滤池的工作原理都基本相似，主要有阻力截留或筛滤作用、重力沉降作用和接触絮凝作用。在实际过滤过程中，上述三种机理往往同时起作用，只是随条件不同而有主次之分。对粒径较大的悬浮颗粒，以阻力截留为主，由于这一过程主要发生在滤料表层，因此通常称为表面过滤。对于细微悬浮物以发生在滤料深层的重力沉降和接触絮凝为主，称为深层过滤。

二、化学处理法

（一）氧化还原

氧化还原法是使废水中的污染物在氧化还原的过程中，改变污染物的形态，将它们变成无毒或微毒的新物质，或转变成与水容易分离的形态，从而使废水得到净化。用氧化还原法处理废水中的有机污染物 COD（化学需氧量）、BOD（生化需氧量）以及色、臭、味等，另外还包括还原性无机污染物如 CN^-、S^{2-}、Fe^{2+}、Mn^{2+} 等。通过化学氧化，氧化分解废水中的污染物，使有毒物质无害化。而对于废水中许多金属离子，如汞、铜、镉、银、金、六价铬、镍等，可通过还原法以固体金属为还原剂，还原废水中污染物使其从废水中置换出来，予以去除。氧化还原法又分为化学氧化法和化学还原法。

1. 化学氧化法

向废水中投加氧化剂，氧化废水中的有毒有害物质，使其转变为无毒无害的或毒性小的新物质的方法称为氧化法。根据所用氧化剂的不同，氧化法分为空气氧化法、氯氧化法、臭氧氧化法等。

（1）氯氧化

氯的标准氧化还原电位较高，为 1.359 V。次氯酸根的标准氧化还原电位也较高，为 1.2 V，因此氯有很强的氧化能力。氯可氧化废水中的氰、硫、醇、酚、醛、氨氮及去除某些染料而脱色等。同时也可杀菌、防腐。氯作为氧化剂可以有如下形态：氯气、液氯、漂白粉、漂粉精、次氯酸钠和二氧化氯等。

（2）臭氧氧化

20 世纪 50 年代臭氧氧化法开始用于城市污水和工业废水处理，20 世纪 70 年代臭氧氧化法和活性炭等处理技术相结合，成为污水高级处理和饮用水除去化学污染物的主要手段之一。用臭氧氧化法处理废水所使用的是含低浓度臭氧的空气或氧气。臭氧是一种不稳定、易分解的强氧化剂，因此要现场制造。臭氧氧化法水处理的工艺设施主要由臭氧发生器和气水接触设备组成。大规模生产臭氧的唯一方法是无声放电法。制造臭氧的原料气是空气或氧气。用空气制成臭氧的浓度一般为 10~20 mg/L；用氧气制成臭氧的浓度为 20~40 mg/L。这种含有 1%~4%（重量比）臭氧的空气或氧气就是水处理时所使用的臭氧化气。

臭氧发生器所产生的臭氧，通过气水接触设备扩散于待处理水中，通常是采用微孔扩散器、鼓泡塔或喷射器、涡轮混合器等。臭氧的利用率要力求达到 90%，剩余臭氧随尾气外排。为避免污染空气，尾气可用活性炭或霍加拉特剂催化分解，也可用催化燃烧法使臭氧分解。

臭氧氧化法的主要优点是反应迅速，流程简单，没有二次污染问题。不过生产臭氧的电耗仍然较高，每千克臭氧耗电 20°~35°，需要继续改进生产，降低电耗，同时需要加强对气水接触方式和接触设备的研究，提高臭氧的利用率。

2. 化学还原学

向废水中投加还原剂，使废水中的有毒物质转变为无毒的或毒性小的新物质的方法称为还原法。还原法常用的还原剂有硫酸亚铁、亚硫酸钠、亚硫酸氢钠、硫代硫酸钠、水合肼、二氧化硫、铁屑等。化学还原法主要用于含铬、汞废水的测定。例如，含六价铬废水的处理，是在酸性条件下利用化学还原剂将六价铬还原成三价铬，然后用碱使三价铬成为氢氧化铬沉淀而去除。

（二）中和

中和属于化学处理法。在工业废水中，酸性废水和碱性废水来源广泛，当废水酸碱度较大时，需考虑中和处理。通常可在调节池进行中和处理，或者单独设置中和反应池。

酸性废水的中和处理采用碱性中和剂，主要有石灰、石灰石、白云石、苏打、苛性钠等。碱性废水的中和处理采用酸性中和剂，主要有盐酸、硫酸和硝酸。有时烟道气也可以中和碱性废水。

（三）混凝

混凝是在混凝剂的作用下，胶体和悬浮物脱稳并相互聚集为数百微米乃至数毫米的絮凝体的过程。混凝后的絮凝体可以采用沉降、过滤或气浮等方法去除。

混凝沉淀是目前给水处理、中水处理和部分污水处理的核心工艺，它承担着水处理中95%以上的负荷，已有150余年的历史。在近代水处理技术中，混凝技术广泛用于除臭味、除藻类、除氮磷、除细菌病毒、除天然有机物、除有机有毒物等。

混凝过程是包含混合、凝聚、絮凝三种连续作用的综合过程。凝聚过程中投加的药剂称为混凝剂或絮凝剂。传统的混凝剂是铝盐和铁盐，如三氯化铝、硫酸铁等。20世纪60年代开始出现并流行无机高分子絮凝剂，如聚合氯化铁、聚合氯化铝及各种复合絮凝剂，因为性价比更好，得到迅速发展，目前已在世界许多地区取代传统混凝剂。近代发展起来的聚丙烯酰胺等有机高分子絮凝剂，品种甚多而效能优良，但因价格较高且不能完全消除毒性，始终不能代替传统混凝剂，主要作为助凝剂使用。

混凝的机理至今仍未完全清楚，因为它涉及的因素很多，如水中的杂质成分和浓度、水温、pH值、碱度、水力条件以及混凝剂种类等。但归结起来，可以认为化学混凝主要是压缩双电层作用、吸附-电性中和、吸附架桥作用和沉淀物的网捕、卷扫作用。

1. 压缩双电层作用机理

根据胶体化学原理，要使胶粒碰撞结合，必须消除或降低微粒间的排斥能。当 ζ 电位降至胶粒间的排斥能且小于胶粒布朗运动的动能时，胶粒便开始聚结，该 ξ 电位称为临界电位。在水中投加电解质（混凝剂），可降低或消除胶粒的 ξ 电位，胶粒因此失去稳定性，我们称之为胶粒脱稳。脱稳胶粒相互聚结，发生凝聚。这种通过投加电解质压缩扩散层，使微粒间相互聚结发生凝聚的作用，被称为压缩双电层作用。

2. 吸附 – 电性中和作用机理

由于异号离子、异号胶粒或高分子带异号电荷部位与胶核表面由于静电吸附，中和了胶体原来所带电荷，从而降低了胶体的 ξ 电位而使胶体脱稳的机理，被称为吸附 – 电性中和作用机理。

3. 吸附架桥作用机理

高分子物质为线性分子、网状结构，其表面积较大，吸附能力强。拉曼（Lamer）等认为：当高分子链的一端吸附了某一胶粒以后，另一端又吸附另一胶粒，形成"胶粒 – 高分子 – 胶粒"的粗大絮凝体，这时，高分子物质在胶体之间起吸附架桥作用。

架桥作用主要利用高分子本身的长链结构来进行对胶粒的连接，而形成"胶粒 – 高分子 – 胶粒"的絮凝体。如果高分子线性长度不够，不能起架桥作用，只能吸附单个胶体，起电性中和作用。如果是异性高分子则兼有电性中和和架桥作用；同性或中性（非离子型）高分子只能起架桥作用。

4. 沉淀物的网捕、卷扫作用机理

无机盐混凝剂投量很多时（如铝盐、铁盐），会在水中产生大量氢氧化物沉淀，形成一张絮凝网状结构，在下沉过程中网捕、卷扫水中胶体颗粒，以致产生沉淀分离。沉淀物的网捕、卷扫作用是一种机械作用。对于低浊度水，可以利用这个作用机理，在水中投加大量混凝剂，达到去除胶体杂质的目的。

上述四种混凝机理在水处理过程中不是各自孤立的现象，它们往往是同时存在的。只不过随不同的药剂种类、投加量和水质条件而发挥作用的程度不同，以某一种作用机理为主。对于高分子混凝剂来说，主要以吸附架桥为主，而无机的金属盐混凝剂则同时具有电性中和和黏结架桥作用。

三、物理化学处理法

（一）吹脱与汽提

1.吹脱

吹脱过程是将空气通入废水中，使空气与废水充分接触，废水中的溶解气体或挥发性溶质穿过气液界面，向气相转移，从而达到脱除污染物的目的。而汽提过程则是将废水与水蒸气直接接触，使废水中的挥发性物质扩散到气相中，实现从废水中分离污染物的目的。吹脱与汽提过程常用来脱除废水中的溶解性气体和挥发性有机物，如挥发酚、甲醛、硫化氢、氨等。

吹脱法的基本原理：将空气通入废水中，改变有毒有害气体溶解于水中所建立的气液平衡关系，使这些易挥发物质由液相转为气相，然后予以收集或者扩散到大气中去。吹脱过程属于传质过程，其推动力为废水中挥发物质的浓度与大气中该物质的浓度差。吹脱法既可以脱除原来就存在于水中的溶解气体，也可以脱除化学转化而形成的溶解气体。如废水中的硫化钠和氰化钠是固态盐在水中的溶解物，在酸性条件下，它们会转化为 H_2S 和 HCN，经过曝气吹脱，就可以将它们以气体形式脱除。这种吹脱曝气称为转化吹脱法。

用吹脱法处理废水的过程中，污染物不断地由液相转入气相，易引起二次污染，防止的方法有以下三种：一是中等浓度的有害气体，可以导入炉内燃烧；二是高浓度的有害气体应回收利用；三是符合排放标准时，可以向大气排放。而第二种方法是预防大气污染和利用三废资源的重要途径。

吹脱设备一般包括吹脱池和吹脱塔（填料塔或筛板塔）。前者占地面积大，而且易污染大气。为提高吹脱效率，回收有用气体，防止有毒气体的二次污染，常采用塔式设备。

填料塔的主要特征是在塔内装置一定高度的填料层，液体从塔顶喷下，在填料表面呈膜状向下流动；气体由塔底送入，从下而上同液膜逆流接触，完成传质过程。其优点是结构简单，空气阻力小；缺点是传质效率不够高，设备比较庞大，填料容易堵塞。

筛板塔是在塔内设一定数量的带有孔眼的塔板，水从上往下喷淋，穿过筛孔往下。空气则从下往上流动。气体以鼓泡方式穿过筛板上液层时，互相接触而进行传质。塔内气相和液相组成沿塔高呈阶梯变化。筛板塔的优点是结构简单，制造方便，传质效率高，塔体比填料塔小，不易堵塞；缺点是操作管理要求高，筛孔容易堵塞。

2.汽提

汽提过程的原理与吹脱过程基本相同，根据挥发性污染物的性质的不同，汽提分离污染物的原理一般可分为简单蒸馏和蒸汽蒸馏两种。

（1）简单蒸馏

对于与水互溶的挥发性物质，利用其在气液平衡条件下在气相中的浓度大于在液相中的浓度这一特性，通过蒸汽直接加热，使其在沸点（水与挥发物两沸点之间的某一温度）下，按一定比例富集于气相。

（2）蒸汽蒸馏

对于与水互不相溶或几乎不溶的挥发性污染物，利用混合液的沸点低于任一组分沸点的特性，可将高沸点挥发物在较低温度下挥发逸出，加以分离脱除。例如，废水中的松节油、苯胺、酚、硝基苯等物质在温度低于 100℃条件下，应用蒸汽蒸馏可有效脱除。

汽提操作一般是在封闭的塔内进行，一般采用的汽提塔可以分为填料塔和板式塔两大类。

填料塔是在塔内装有填料，废水从塔顶喷淋而下，流经填料后由塔底部的集水槽收集后排出。蒸汽从塔底部送入，从塔顶排出，由下而上与废水逆流接触进行传质。填料可以采用瓷环、木栅、金属螺丝圈、塑料板、蚌壳等。由于通入蒸汽，塔内温度高，所以在选择塔体材料和填料时，除了考虑经济、技术等一般原则外，还应该特别注意耐腐蚀的问题。与板式塔相比，填料塔的构造较简单，便于采用耐腐蚀材料，动力损失小。但是传质效率低，且塔体积庞大。

板式塔是一种传质效率较高的设备，这种塔的关键部件是塔板。按照塔板结构的不同，可以将板式塔分为泡罩塔、浮阀塔和筛板塔等。

（二）吸附

当流体与多孔固体接触时，流体中某一组分或多个组分在固体表面处产生积蓄，此现象称为吸附。吸附也指物质（主要是固体物质）表面吸住周围介质（液体或气体）中的分子或离子现象。

吸附过程是一种界面现象，其作用过程在两个相的界面上。吸附可分为化学吸附和物理吸附。化学吸附是吸附剂和吸附质之间发生的化学作用，由化学键力作用所致；物理吸附是吸附剂和吸附质之间发生的物理作用，由范德华力作用所致。

吸附过程是吸附质从水溶液中被吸附到吸附剂表面上或进而进行化学结合的过程。已被吸附在吸附剂表面的吸附质又会离开吸附剂表面而返回到水溶液中去，这就是解析过程。当吸附速度与解析速度相等时，溶液中被吸附物质的浓度和单位重量吸附剂的吸附量不再发生变化，吸附与解析达到动态平衡。

目前废水处理中常用的吸附剂主要有活性炭、磺化煤、活性白土、硅藻土、活性氧化铝、活性沸石、焦炭、树脂吸附剂、炉渣、木屑、煤灰、腐殖酸等。对吸附剂性能的要求是吸附能力强，吸附选择性好，吸附容量大，吸附平衡的浓度低，机械强度高，化学性质稳定，容易再生和再利用，制作原料来源广，价格低廉。目前很多学者实验研究了一些新型或改性的吸附剂，如改性高铝水泥吸附剂、氧化铝负载的氧化镧吸附剂、氢氧化铈吸附剂等，这些新型吸附剂对废水中一些污染物的吸附具有吸附性强、吸附量大、不易造成二次污染等优点，在未来的废水处理中将有广泛的应用前景。

由于吸附法对水的预处理要求高，吸附剂的价格昂贵，因此在废水处理中，吸附法主要用来去除废水中的微量污染物，以达到深度净化的目的，或是从高浓度的废水中吸附某些物质达到资源回收和治理目的。如废水中少量重金属离子的去除、有害的生物难降解有机物的去除、脱色除臭等。

吸附操作可分为静态操作和动态操作。常用的吸附设备是固定床吸附装置。根据用水水量、原水水质及处理要求，固定床可分为单床和多床系统，一般单床仅在处理规模较小时采用。多床又有并联和串联两种，前者适用于大规模处理，出水要求低；后者适用于处理流量较小、出水要求较高的场合。

（三）离子交换

废水离子交换处理法是废水物理化学处理法之一种。借助于离子交换剂中的交换离子同废水中的离子进行交换而去除废水中有害离子的方法。

离子交换的原理是被处理溶液中的某离子迁移到附着在离子交换剂颗粒表面的液膜中，然后该离子通过液膜扩散（简称膜扩散）进入颗粒中，并在颗粒的孔道中扩散而到达离子交换剂的交换基团的部位上（简称颗粒内扩散）。在此部位上，该离子同离子交换剂上的离子进行交换，被交换下来的离子沿相反途径转移到被处理的溶液中。离子交换反应是瞬间完成的，而交换过程的速度主要取决于历时最长的膜扩散或颗粒内扩散。

凡能够与溶液中的阳离子或阴离子具有交换能力的物质都称为离子交换剂。离子交换剂的种类很多，有无机质和有机质两类。前者如天然物质海绿砂或合成沸石，后者如磺化煤和树脂，目前常用合成的离子交换树脂。

交换剂由两部分组成：一是不参加交换过程的惰性物母体，如树脂的母体是由高分子物质交联而成的三维空间网络骨架；二是联结在骨架上的活性基团（带电官能团）。母体本身是电中性的。活性基团包括可离解为同母体紧密结合的惰性离子和带异号电荷的可交换离子。可交换离子为阳离子（活性基团为酸性基）时，称阳离子交换树脂；可交换离子为阴离子（活性基团为碱性基）时，称阴离子交换树脂。阳、阴离子交换树脂又可根据它们的酸碱性反应基的强度分为强酸性和弱酸性，强碱性和弱碱性等。

离子交换法的运行方式分为静态运行和动态运行两种。其中静态运行是在待处理废水中加入适量的树脂进行混合，直至交换反应达到平衡状态。这种运行除非树脂对所需去除的同性离子有很高的选择性，否则由于反应的可逆性只能利用树脂交换容量的一部分。为了减弱交换时的逆反应，离子交换操作大多以动态运行为主，即置交换剂于圆柱形床中，废水连续通过床内交换。

离子交换法中的交换设备有固定床、移动床、流动床等形式。在离子交换一个周期内的四个过程（交换、反洗、再生、淋洗）中，树脂均固定在固定床内。移动床则是在交换过程中将部分饱和树脂移出床外再生，同时将再生的树脂送回床内使用。流动床则是树脂处于流动状态下完成上述四个过程。移动床称半连续装置，流动床则称全连续装置。

离子交换法处理废水具有广阔的前景，发展迅速。当前研究的主要方向：一是合成适用于处理各种废水的树脂，以获得交换容量大、洗脱率高、洗脱峰集中、抗污染能力强的树脂；二是使离子交换设备小型化、系列化，并向生产装置连续化、操作自动化发展，以降低投资，减少用地，简化管理。

（四）电化学处理

20世纪60年代初期，随着电力工业的迅速发展，电化学水处理技术开始引起人们的注意。电化学水处理技术的基本原理是使污染物在电极上发生直接电化学反应或间接电化学转化，即直接电解和间接电解。

1. 直接电解

直接电解是指污染物在电极上直接被氧化或还原而从废水中去除。直接电解可分为阳极过程和阴极过程。阳极过程就是污染物在阳极表面氧化而转化成毒性较小的物质或易生物降解的物质，甚至发生有机物无机化，从而达到削减、去除污染物的目的。阴极过程就是污染物在阴极表面还原而得以去除，主要用于卤代烃的还原脱卤和重金属的回收。

2. 间接电解

间接电解是指利用电化学产生的氧化还原物质作为反应剂或催化剂，使污染物转化成毒性更小的物质。间接电解分为可逆过程和不可逆过程。可逆过程（媒介电化学氧化）是指氧化还原物在电解过程中可电化学再生和循环使用。不可逆过程是指利用不可逆电化学反应产生的物质，如具有强氧化性的氯酸盐、次氯酸盐、H_2O_2和O_3等氧化有机物的过程，还可以利用电化学反应产生强氧化性的中间体，包括溶剂化电子、HO、HO_2、O_2-等自由基。另外根据具体的使用方法还有以下几种。

（1）电凝聚电气浮法

在电压作用下，可溶性阳极（铁或铝）被氧化产生大量阳离子继而形成胶体使废水中的污染物凝聚，同时在阴极上产生的大量氢气形成微气泡与絮粒黏附在一起上浮，这种方法称为电凝聚电气浮。在电凝聚中，常常用铁铝做阳极材料。

（2）电沉积法

电解液中不同金属组分的电势差，使自由态或结合态的溶解性金属在阴极析出。适宜的电势是电沉积发生的关键。无论金属处于何种状态，均可根据溶液中离子活度的大小，由能斯特方程确定电势的高低，同时溶液组成、温度、超电势和电极材料等也会影响电沉积过程。

（3）电化学氧化

电化学氧化分为直接氧化和间接氧化两种，属于阳极过程。直接氧化是通过阳极氧化使污染物直接转化为无害物质；间接氧化则是通过阳极反应产生具有强氧化作用的中间物质或发生阳极反应之外的中间反应，使被处理污染物氧化，最终转化为无害物质。对于阳极直接氧化而言，如反应物浓度过低会导致电化学表面反应受传质步骤限制；对于间接氧化，则不存在这种限制。在直接或间接氧化过程中，一般都伴有析出 H_2 或 O_2 的副反应，但通过电极材料的选择和电势控制可使副反应得到抑制。

（4）光电化学氧化

半导体材料吸收可见光和紫外光的能量，产生"电子 - 空穴"对，并储存多余的能量，使得半导体粒子能够克服热动力学反应的屏障，作为催化剂使用，进行一些催化反应。

（5）电渗析

在电场作用下选择性透过膜的独特功能可使离子从一种溶液进入另一种溶液中，达到对离子化污染物的分离和浓缩。利用电渗析处理金属离子时并不能直接回收到固体金属，但能得到浓缩的盐溶液，并使出水水质得到明显改善。目前研究最多的是单阳膜电渗析法。

（6）电化学膜分离

这是一种靠膜两侧的电势差进行的分离过程。常用于气态污染物的分离。

电化学水处理技术的优点是过程中产生的—OH 自由基可以直接与废水中的有机污染物反应，将其降解为二氧化碳、水和简单有机物，没有或很少产生二次污染，是一种环境友好技术；电化学过程一般在常温常压下就可进行，因此能量效率很高；电化学方法既可以单独使用，又可以与其他处理方法结合使用，如作为前处理方法，可以提高废水的生物降解性；另外，电解设备及其操作一般比较简单，费用较低。

（五）高级氧化

高级氧化技术又称做深度氧化技术，以产生具有强氧化能力的羟基自由基（—OH）为特点，在高温高压、电、声、光辐照、催化剂等反应条件下，使大分子难降解有机物氧化成低毒或无毒的小分子物质。根据产生自由基的方式和反应条件的不同，可将其分为光化学氧化、催化湿式氧化、声化学氧化、臭氧氧化、电化学氧化、Fenton 氧化等。

1. 光化学氧化法

由于反应条件温和、氧化能力强，光化学氧化法近年来迅速发展，但受反应条件的限制，光化学法处理有机物时会产生多种芳香族有机中间体，致使有机物降解不够彻底，这成了光化学氧化需要克服的问题。光化学氧化法包括光激发氧化法（如 O_3/UV）和光催化氧化法（如 TiO_2/UV）。光激发氧化法主要以 O_3、H_2O_2、O_2 和空气作为氧化剂，在光辐射作用下产生—OH；光催化氧化法则是在反应溶液中加入一定量的半导体催化剂，使其在紫外光的照射下产生—OH，两者都是通过—OH 的强氧化作用对有机污染物进行处理。

2. 催化湿式氧化法

催化湿式氧化法（CWAO）是指在高温（123~320 ℃）、高压（0.5~10 mPa）和催化剂（氧化物、贵金属等）存在的条件下，将污水中的有机污染物和氨氮氧化分解成 CO_2 和 H_2O 等无害物质的方法。

3. 声化学氧化

声化学氧化中主要是超声波的利用。超声波法用于垃圾渗滤液的处理主要有两个方面：一是利用频率在 15 kHz~1 MHz 的声波，在微小的区域内瞬间高温高压下产生的氧化剂（如—OH）去除难降解有机物；另外一种是超声波吹脱，主要用于废水中高浓度的难降解有机物的处理。

4. Fenton 氧化法

Fenton 法是一种深度氧化技术，即利用 Fe 和 H_2O_2 之间的链反应催化生成—OH 自由基，而—OH 自由基具有强氧化性，能氧化各种有毒和难降解的有机化合物，可以达到去除污染物的目的。特别适用于生物难降解或一般化学氧化难以奏效的有机废水如垃圾渗滤液的氧化处理。

5. 类 Fenton 法

类 Fenton 法就是利用 Fenton 法的基本原理，将 UV（紫外光）、O_2 和光电效应等引入反应体系。因此，从广义上讲，可以把除 Fenton 法外通过 H_2O_2 产生羟基自由基处理有机物的其他所有技术都称为类 Fenton 法。作为对 Fenton 氧化法的改进，类 Fenton 法的发展潜力更大。

（六）膜分离

膜分离技术是指在分子水平上不同粒径分子的混合物在通过半透膜时，实现选择性分离的技术，在饮用水净化、工业用水处理等方面得到了广泛应用，并迅速推广到纺织、化工、电力、食品等多个领域。分离膜因其独特的结构和性能，在环境保护和水资源再生方面异军突起，在环境工程，特别是废水处理和中水回用方面有着广泛的应用前景。

膜是具有选择性分离功能的材料，利用膜的选择性分离实现料液的不同组分的分离、纯化、浓缩的过程称作膜分离。它与传统过滤的不同在于，膜可以在分子范围内进行分离，并且这过程是一种物理过程，不需发生相的变化和添加助剂。根据膜的种类、功能和过程推动力的不同，工业化膜分离的过程有微滤（MF）、超滤（UF）、纳滤（NF）、反渗透（RO）和电渗析（ED）。根据材料的不同，可分为无机膜和有机膜，无机膜主要是陶瓷膜和金属膜，其过滤精度较低，选择性较小。有机膜是由高分子材料做成的，如醋酸纤维素、芳香族聚酰胺、聚醚砜、聚氟聚合物等。不同的膜有着不同的分离机理和适用范围。

1. 微滤

从 1907 年 Bechhold 制得系列化多孔火棉胶膜问世算起，微孔滤膜（微滤）至今有近百年历史。目前微滤技术在医药、饮料、饮用水、食品、分析测试和环保等领域有较广泛的应用。

微滤主要用来从气相和液相物质中截留微米及亚微米级的细小悬浮物、微生物、微粒、细菌、酵母、红细胞等污染物，以达到净化、分离和浓缩的目的。其操作压差为 0.01~0.2 MPa，被分离粒子直径的范围为 0.8~10 μm。微滤过滤时，介质不会脱落，没有杂质溶出，无毒，使用和更换方便，使用寿命长。同时，滤孔分布均匀，可将大于孔径的微粒、细菌、污染物截留在滤膜表面，滤液质量较高。

一般认为，微滤膜的分离机理为筛分机理，膜的物理结构起决定性作用，膜表面层截留（机械截留、吸附截留、架桥作用等），膜内部截留。微滤是以静压差为推动力，利用膜的"筛分"作用进行分离的压力驱动型膜过程。微滤膜具有比较整齐、均匀的多孔结构，在静压差的作用下，小于膜孔的粒子通过滤膜，大于膜孔的粒子则被阻拦在膜面上，使大小不同的组分得以分离，其作用相当于"过滤"。由于每平方厘米滤膜中约包含 1 000 万至 1 亿个小孔，孔隙率占总体积的70%~80%，故阻力很小，过滤速度较快。

2. 超滤

早在 1861 年 A.Schmidt 就首先发现了超过滤现象，使用牛心包膜进行超滤截留实验。1960 年美国加利福尼亚大学的 Loeb-Sourirajan 研制成第一张具有实用价值的、不对称醋酸纤维素膜，超滤才逐渐付诸实际应用。目前超滤技术在水处理等很多领域都得到了广泛应用。在我国，近年来由于人口增长，用水量日益增加，超滤技术在水资源重复利用方面得到了迅猛发展。

超滤主要用于从液相物质中分离大分子化合物（蛋白质、核酸聚合物、淀粉、天然胶、酶等）、胶体分散液（黏土、颜料、矿物料、乳液离子、微生物）、乳液（润滑脂 - 洗涤剂及油 - 水乳液）；或采用先与适合的大分子复合的办法时，也可用超滤分离低分子量溶质，从而达到某些含有各种小分子量可溶性物质和高分子物质（如蛋白质、酶、病毒）等溶液的浓缩、分离、提纯和净化。超滤对去除水中的微粒、胶体、细菌、热源和各种有机物有较好的效果，但它几乎不能截留无机离子。

超滤属于压力驱动型膜分离技术，其操作静压差一般为 0.1~0.5 MPa，被分离组分的直径大约为 0.01~0.1 μm，这相当于大于 500~1 000 000 的大分子和胶体粒子，这种液体的渗透压很小，可以忽略，常用非对称膜，膜孔径为 10^{-3}~10^{-1} μm，膜表面的有效截留层厚度较小（0.1~10 μm）。

一般认为超滤的分离机理为筛孔分离过程，但膜表面的化学性质也是影响超滤分离的重要因素。超滤过程中溶质的截留有膜表面的机械截留（筛分）、在孔中滞留而被除去（阻塞）、在膜表面及微孔内的吸附（一次吸附）三种方式。

3. 纳滤

纳滤是介于超滤与反渗透之间的一种膜分离技术，其截留分子量在 200~1 000的范围内，孔径为几纳米，因此称纳滤。纳滤膜是 20 世纪 80 年代初期继典型的反渗透膜之后开发出来的，最初用于水的软化。在水处理领域应用最为广泛的是一系列的低压膜，如纳滤膜、反渗透膜等。其中，纳滤膜法水处理技术以其特殊的优势获得了世界各国的水处理工作者的普遍关注，在水处理技术的研究和开发领域取得了可喜的成绩。

　　纳滤是一种相对较新的压力驱动膜分离过程，它通过膜的渗透作用，借助外界能量或化学位差的推动，对两组分或多组分液体进行分离、分级、提纯和富集。

　　纳滤过程的关键是纳滤膜。对膜材料的要求包括：具有良好的成膜性、热稳定性、化学稳定性，机械强度高，耐酸碱及微生物侵蚀，耐氯和其他氧化性物质，有高水通量及高盐截留率，抗胶体及悬浮物污染，价格便宜。目前采用的纳滤膜多为芳香族及聚酸氢类复合纳滤膜。复合膜为非对称膜，由两部分结构组成：一部分为起支撑作用的多孔膜，其机理为筛分作用；另一部分为起分离作用的一层较薄的致密膜，其分离机理可用溶解扩散理论进行解释。对于复合膜，可以对起分离作用的表皮层和支撑层分别进行材料和结构的优化，可获得性能优良的复合膜。膜组件的形式有中空纤维、卷式、板框式和管式等。其中，中空纤维和卷式膜组件的填充密度高，造价低，组件内流体力学条件好；但是这两种膜组件的制造技术要求高，密封困难，使用中抗污染能力差，对料液预处理要求高。而板框式和管式膜组件虽然清洗方便、耐污染，但膜的填充密度低、造价高。因此，在纳滤系统中多使用中空纤维式或卷式膜组件。

　　纳滤膜的分离作用主要是由于粒径筛分和静电排斥，传统软化纳滤膜对水中无机物和有机物都具有很高的截留率，这类纳滤膜主要是通过较小的孔径来截留和筛分杂质。一些新型的纳滤膜以去除水中的有机物为主要目标，它们由荷电、亲水性较高的原材料制成，具有一定的电荷，此类纳滤膜对有机物的截留机理除了孔径筛分外，还加入了膜与有机物的电性作用，甚至以电性作用为主要的有机物截留机理。这种新型纳滤膜对无机离子的截留率较低，因此特别适用于处理硬度、碱度低而 TOC 浓度高的微污染水源水，产水不需要再矿化或稳定，就能满足优质饮用水的要求。

　　4. 反渗透

　　反渗透的问世是在 1953 年，由美国的 Reid 研究发明。1961 年，美国 Hevens 公司首先研制出管式反渗透膜组件。20 世纪 70 年代，反渗透技术开始大规模应用于海水淡化处理，使其在脱盐领域占有领先地位。目前，反渗透技术在中水回用、废水处理、化工分离、纯水及超纯水制造等方面都有着广泛的应用。

　　反渗透又称逆渗透，它是一种以压力差为推动力，从溶液中分离出溶剂的膜分离操作。对膜一侧的料液施加压力，当压力超过它的渗透压时，溶剂会逆着自然渗透的方向做反向渗透。从而在膜的低压侧得到透过的溶剂，即渗透液；高压侧得到浓缩的溶液，即浓缩液。若用反渗透处理海水，在膜的低压侧得到淡水，在高压侧得到卤水。反渗透膜能截留水中的各种无机离子、胶体物质和大分子溶质，从而取得净化的水。也可用于大分子有机物溶液的预浓缩。

反渗透膜是实现反渗透的核心元件，是一种模拟生物半透膜制成的具有一定特性的人工半透膜。一般用高分子材料制成。如醋酸纤维素膜、芳香族聚酰肼膜、芳香族聚酰胺膜。表面微孔的直径一般在 0.5~10 nm 之间，透过性的大小与膜本身的化学结构有关。有的高分子材料对盐的排斥性好，而水的透过速度并不好。有的高分子材料化学结构具有较多亲水基团，因而水的透过速度相对较快。因此一种满意的反渗透膜应具有适当的渗透量或脱盐率。

反渗透膜应具有以下特征：一是在高流速下应具有高效脱盐率；二是具有较高机械强度和使用寿命；三是能在较低操作压力下发挥功能；四是能耐受化学或生化作用的影响；五是受 pH 值、温度等因素影响较小；六是制膜原料来源容易，加工简便，成本低廉。

反渗透膜的结构有非对称膜和均相膜两类。当前使用的膜材料主要为醋酸纤维素和芳香聚酰胺类。其组件有中空纤维式、卷式、板框式和管式。可用于分离、浓缩、纯化等化工单元。

5. 电渗析

电渗析法的工作原理主要是膜室之间的离子迁移，也有电极反应。电渗析的关键部件是离子交换膜，它的性能对电渗析效果影响很大。废水成分复杂，所含的酸、碱、氧化物等物质对膜有损害作用，离子交换膜应具有抵抗这种损害的性能。

电渗析装置一般采用单膜（阳膜或阴膜）的两室布置，或双模（阳、阴膜，双阳膜或双明膜）的三室布置。

电渗析法适用于废水的脱盐处理。但不适用于非电离分子（特别是有机物）去除。单级电渗析出水的含盐量一般高于 300 mg/L。要得到较好的出水水质，需采用电渗析器串联系统。电渗析多用于废水深度处理。

四、生物处理法

（一）生物膜法

生物膜法是一种固定膜法，是利用附着生长于某些固体物表面的微生物（生物膜）进行有机污水处理的方法，主要用于去除废水中溶解性的和胶体状的有机污染物。因微生物群体沿固体表面生长成黏膜状，故名生物膜法。废水和生物膜接触时，污染物从水中转移到膜上，从而得到处理。生物膜是由高度密集的好氧菌、厌氧菌、兼性菌、真菌、原生动物以及藻类等组成的生态系统，其附着的固体介质称为滤料或载体。生物膜自滤料向外可分为厌气层、好气层、附着水层、运动水层。生物膜法的原理是，生物膜首先吸附附着水层有机物，由好气层的好气菌将其分解，再进入厌气层进行厌气分解，流动水层则将老化的生物膜冲掉以生长新的生物膜，如此往复以达到净化污水的目的。

生物膜法依据所使用的生物器的不同可进一步分为生物滤池、生物转盘、曝气生物滤池和厌氧生物滤池。前三种用于需氧生物处理过程，最后一种用于厌氧过程。

1. 生物滤池

生物膜法中最常用的一种生物器。使用的生物载体是小块料（如碎石块、塑料填料）或塑料型块，堆放或叠放成滤床，故常称滤料。与水处理中的一般滤池不同，生物滤池的滤床暴露在空气中，废水洒到滤床上。工作时，废水沿载体表面从上向下流过滤床，和生长在载体表面上的大量微生物和附着水密切接触进行物质交换。污染物进入生物膜，代谢产物进入水流。出水并带有剥落的生物膜碎屑，需用沉淀池分离。生物膜所需要的溶解氧直接或通过水流从空气中取得。

2. 生物转盘

生物转盘是随着塑料的普及而出现的。数十片、近百片塑料或玻璃钢圆盘用轴贯串，平放在一个断面呈半圆形的条形槽的槽面上。盘径一般不超过 4 m，槽径大约几厘米。有电动机和减速装置转动盘轴，转速 1.5~3.0 转 /min 左右，取决于盘径，盘的周边线速度在 15 m/min 左右。

废水从槽的一端流向另一端。盘轴高出水面，盘面约 40% 浸入水中，60% 暴露在空气中。盘轴转动时，盘面交替与废水和空气接触。盘面为微生物生长形成的膜状物所覆盖，生物膜交替地与废水和空气充分接触，不断地取得污染物和氧气，净化废水。膜和盘面之间因转动而产生切应力，随着膜的厚度的增加而增大，到一定程度，膜从盘面脱落，随水流走。

同生物滤池相比，生物转盘法中废水和生物膜的接触时间比较长。而且有一定的可控性。水槽常分段，转盘常分组，既可防止短流，又有助于负荷率和出水水质的提高，因负荷率是逐级下降的。生物转盘如果产生臭味，可以加盖。生物转盘一般用于水量不大时。

3.曝气生物滤池

设置了塑料型块的曝气池，按其过程也称生物接触氧化法。它的工作类似活性污泥法中的曝气池，但是不要回流污泥，曝气方法也不能沿用，一般采用全池气泡曝气，池中生物量远高于活性污泥法，故曝气时间可以缩短。运行较稳定，不会出现污泥膨胀问题。也有采用粒料（如砂子、活性炭）的。这时水流向上，滤床膨胀、不会堵塞。因为表面积高，生物量多，接触又充分，曝气时间可缩短，处理效率可提高。

4.厌氧生物滤池

厌氧生物滤池的构造和曝气生物滤池相近，只是不要曝气系统。因生物量高，和污泥消化池相比，处理时间可以大大缩短（污泥消化池的停留时间一般在10d以上），处理城市污水等浓度较低的废水时有可能采用。

（二）活性污泥法

活性污泥法是使用最广泛的废水处理方法。它能从废水中去除溶解的和形成胶体的可生物降解的有机物，以及能被活性污泥吸附的悬浮固体和其他一些物质。无机盐类（氮和磷的化合物）也能部分地被去除。

活性污泥法是向废水中连续通人空气，经一定时间后因好氧性微生物繁殖而形成的污泥状絮凝物，其上栖息着以菌胶团为主的微生物群，具有很强的吸附与氧化有机物的能力。利用此吸附和氧化作用，以分解去除污水中的有机污染物，然后使污泥与水分离，大部分污泥再回流到曝气池，多余部分则排出活性污泥系统。

典型的活性污泥法由曝气池、沉淀池、污泥回流系统和剩余污泥排除系统组成。

污水和回流的活性污泥一起进入曝气池形成混合液。从空气压缩机站送来的压缩空气通过铺设在曝气池底部的空气扩散装置，以细小气泡的形式进入污水中，目的是增加污水中的溶解氧含量，还使混合液处于剧烈搅动的状态，呈悬浮状态。溶解氧、活性污泥与污水互相混合、充分接触，使活性污泥反应得以正常进行。上述过程分为一下两个阶段。

第一阶段：污水中的有机污染物被活性污泥颗粒吸附在菌胶团的表面上，这是由于其巨大的比表面积和多糖类黏性物质。同时一些大分子有机物在细菌胞外酶作用下分解成小分子有机物。

第二阶段：微生物在氧气充足的条件下，吸收这些有机物，并氧化分解形成二氧化碳和水，一部分供给自身的增殖繁衍。活性污泥反应进行的结果，污水中有机污染物得到降解而去除，活性污泥本身得以繁衍增长，污水则达到净化处理。

活性污泥法的主要类型有推流式活性污泥法（CAS）、短时曝气法、阶段曝气法（SAAS）、生物吸附法（AB）、完全混合式活性污泥法（CMAS）、序批式间歇反应器（SBR）、深水曝气活性污泥法、氧化沟（氧化塘），各具有不同的使用特点。

五、其他处理法

（一）膜生物反应器（MBR）

膜生物反应器工艺是集合了传统污水处理技术与膜过滤技术的新型污水处理工艺，它是利用高效分离膜组件取代传统生物处理技术末端的二沉池，与生物处理中的生物单元组合形成的一套有机水净化再生技术。该处理方法首先利用生化技术降解水中的有机物，驯养优势菌类、阻隔细菌，然后利用膜技术过滤悬浮物和水溶性大分子物质，降低水浊度，以达到排放标准。

膜生物反应器法与传统的生化水处理技术相比，具有处理效率高、出水水质好、设备紧凑、占地面积小、易实现自动控制、运行管理简单的特点。国内外研究和实际应用结果表明，MBR 是最理想的污水回用处理装置，处理水能够满足市政回用、景观与环境回用以及某些工业回用的水质要求。

膜生物反应器研究的重要内容是在保证出水水质的前提下，膜通量应尽可能大，这样可以减少膜的使用面积，降低膜生物反应器的基建费用和运行费用，但这些都是由膜生物反应器参数决定的。

膜生物反应器的材料分为有机膜和无机膜两种。膜生物反应器曾普遍采用有机膜，常用的膜材料为聚乙烯、聚丙烯等。分离式膜生物反应器通常采用超滤膜组件，截留分子量一般在 2 万~30 万。膜生物反应器截留分子量越大，初始膜通量越大，但长期运行膜通量未必越大。当膜选定后，其物化性质也就确定了，因此，操作方式就成为影响膜生物反应器膜污染的主要因素。不仅污泥浓度、混合液黏度等影响膜通量，混合液本身的过滤性能，如活性污泥性状、生物相也影响膜生物反应器膜通量的衰减。改善膜面附近料液的流体力学条件也很重要，如提高流体的进水流速，减少浓差极化，能使被截留的溶质及时被带走。分离式膜生物反应器中，一般均采用错流过滤的方式，而一体式膜生物反应器实质上是一种死端过滤方式。与死端过滤相比，错流过滤更有助于防止膜面沉积污染。因此设计合理的流道结构，提高膜间液体上升流速，使较大的暖气量起到冲刷膜表面的错流过滤效果对于淹没式膜生物反应器显得尤为重要。

膜生物反应器技术以其优质的出水水质被认为是具有较好经济、社会和环境效益的节水技术而备受关注。尽管还存在较高的运行费用问题，但随着膜制造技术的进步，膜质量的提高和膜制造成本的降低，MBR 的投资也会随之降低。如聚乙烯中空纤维膜，新型陶瓷膜的开发等已使其成本比以往有很大降低。另一方面，各种新型膜生物反应器的开发也使其运行费用大大降低，如在低压下运行的重力淹没式 MBR、厌氧 MBR 等与传统的好氧加压膜生物反应器相比，其运行费用大幅度下降。因此，从长远的观点来看，膜生物反应器在水处理中应用范围必将越来越广泛。

（二）消毒

再生水在使用过程中，除了与设备、生物和环境直接接触外，与使用者和公众也会不可避免地发生直接或间接的接触。因此，再生水除满足各种使用条件和用途的水质要求外，其卫生学问题也关系到社会的公共安全，一直是各管理部门所关注的焦点。

消毒作为再生水处理的最后一个环节，是再生水安全的最后一道屏障，是安全利用再生水的关键。消毒剂的作用包括两个方面：在水进入输送管网前，消除水中病原体的致病作用；从水进入管网起到用水点前，维持水中消毒剂的持续作用，以防止可能出现的病原体危害或再增殖。

消毒是通过消毒剂或其他方法、手段对水中的致病微生物进行灭活，减少对人类生产活动的危害，通常采用化学试剂作消毒剂，有时也采用物理方法。物理法采用热、紫外线照射、超声波辐射等方法破坏微生物的蛋白质或遗传物质，最终导致其死亡或停止繁殖。化学法则是利用化学药剂使微生物的酶失活，或通过剧烈的氧化反应使微生物灭活。下面是一些常用的消毒方式。

1. 液氯消毒

液氯具有强氧化性，是我国目前最常用的水处理消毒方法。用于城市水消毒时，氯主要以两种形态使用，即以气态元素，或以固态或液态含氯化合物（次氯酸盐）使用。气态氯通常被认为是能在大型设施中使用的氯的最经济形态。次氯酸盐形态主要一直用于小型再生水厂（人数少于 5 000 人），或在大型再生水厂中对气态操作安全问题的考虑超过经济考虑时也可采用。

氯气溶解在水中后水解为 HCl 和次氯酸 HClO，次氯酸再离解为 H+ 和 OCl⁻。消毒主要是 HClO 的作用。因为它是体积很小的中性分子，能扩散到带有负电荷的细菌表面，具有较强的渗透力，能穿透细胞壁进入细菌内部。氯对细菌的作用是破坏其酶系统，导致细菌死亡。而氯对病毒的作用，主要是对核酸破坏的致死性作用。pH 值高和温度低时，HClO 含量高，消毒效果好。pH 值 < 6 时，HClO 含量接近 100%，pH 值为 7.5 时，HClO 和 OCl⁻ 大致相等，因此氯的杀菌作用在酸性水中比碱性水中更有效。

液氯消毒的优点是工艺成熟、消毒效果稳定可靠、成本低廉，且消毒后的余氯有持续的消毒能力，能防止残余细菌在管道内继续繁殖增生。其不足之处是液氯消毒需要较长的接触时间（一般要求不少于 30 min），因此需要建造容积较大的接触池。

2. 次氯酸钠消毒

次氯酸钠属于强碱弱酸盐，有较强的漂白作用，对金属器械有腐蚀作用。次氯酸钠消毒原理与氯相同。次氯酸钠水解生成次氯酸，次氯酸再进一步分解生成新生态氧，新生态氧具有极强氧化性。次氯酸钠水解生成的次氯酸不仅可以与细胞壁发生作用，且因分子小、不带电荷，故易侵入细胞内与蛋白质发生氧化作用或破坏其磷酸脱氢酶，使糖代谢失调而导致细菌死亡。次氯酸分解生成的新生态氧将菌体蛋白质氧化。

次氯酸钠同氨可以发生反应，在水中生成微量的带有气味的氨氮化合物，但这种化合物也是一种安全的药剂。次氯酸钠不存在液氯等的安全隐患，且其消毒效果被公认与氯气相当，因此它的应用也比较广泛。

3. 二氧化氯消毒

二氧化氯是一种广谱性消毒剂，通过渗入细菌细胞内，将核酸（RNA 或 DNA）氧化，从而阻止细胞的合成代谢，并使细菌死亡。由于 ClO_2 在水中 100% 以分子形态存在，所以易穿透细胞膜。二氧化氯在水中极易挥发，因此不能储存，必须在现场边生产边使用。

二氧化氯一般只起氧化作用，不起氯化作用，因此它与水中杂质形成的三氯甲烷等要比氯消毒少得多。二氧化氯在碱性条件下仍具有很好的杀菌能力，也不与氨起作用，因此在高 pH 值的含氯系统中可发挥很好的杀菌作用。二氧化氯的消毒作用与氯相近，但对含酚和污染严重的原水特别有效。

二氧化氯也是一种强氧化剂，消毒能力仅次于臭氧，而高于液氯。但是，随着 ClO_2 的广泛应用，ClO_2 及其消毒副产物如亚氯酸盐、氯酸盐等对人体健康的影响日益被人们关注。低剂量的 ClO_2 对人体不会产生有害影响。由于 ClO_2 必须在现场边生产边使用，它的制备和运行成本很高，是次氯酸钠运行成本的 5 倍以上。

4. 其他药剂消毒

漂白粉 $Ca(ClO)_2$ 为白色粉末，有氯的气味，含有效氯 20%~25%。漂粉精 $Ca(OCl_2)_2$ 含有效氯 60%~70%，两者的消毒作用和氯相同，适用于小水量的消毒。

加氯到含氨氮的水中，或氯与氨（液氨、硫酸铵等）以一定重量比投加时，都可生成氯胺而起消毒作用。氯胺消毒的特点是，可减小氯仿生成量，避免加氯时生成的臭味。其杀菌作用虽比氯差，但杀菌持续时间较长，因此可控制管网中的细菌再繁殖。适用于原水中有机物较多、管网延伸较长时。氯胺的杀菌效果差，不宜单独作为饮用水的消毒剂使用。但若将其与氯结合使用，既可以保证消毒效果，又可以减少三卤甲烷的产生，且可以延长在配水管网中的作用时间。

5. 臭氧消毒

臭氧是一种高活性的气体。臭氧可杀菌消毒的作用主要与它的高氧化电位和容易通过微生物细胞膜扩散有关。臭氧能氧化微生物细胞的有机物或破坏有机体链状结构而导致细胞死亡。

臭氧是一种强氧化剂，既有消毒作用也有氧化作用，杀菌和除病毒效果好，接触时间短，能除臭、去色、除酚，可氧化有机物、铁、锰、氰化物、硫化物、亚硝酸盐等。臭氧加入水中后，不会生成有机氯化物，无二次污染。

臭氧的半衰期时间很短，仅为20min，因臭氧不易溶于水，且不稳定，故其无持续消毒功能，应设置氯消毒与其配合使用。臭氧运行、管理有一定的危险性，臭氧可引发中毒，操作复杂；制取臭氧的产率低；臭氧消毒法设备费用高，耗电大。这些都是限制或影响臭氧消毒广泛推广使用的主要原因。

6. 紫外消毒

紫外线应用于再生水消毒主要采用的是C波段紫外线（UV-C），又称灭菌紫外线。波长范围为275~200nm，即C波段紫外线会使细菌、病毒、芽孢以及其他病原菌的DNA丧失活性，从而破坏它们的复制和传播疾病的能力。

紫外线消毒法是一种物理消毒方法，与化学法相比具有不产生有毒有害副产物、消毒速度快、设备操作简单、消毒成本低等优点。化学消毒法固然在目前的水处理领域占有重要的地位，但是随着人们对水质标准要求的提高和消毒副产物研究的不断深入，以及紫外线消毒机理的深入揭示、紫外线技术的不断发展以及消毒装置在设计上的日益完善，紫外线消毒法有望成为代替传统化学消毒法的主要物理消毒方法之一。

六、再生水处理新技术

（一）磁分离技术

磁分离技术是一门比较古老、较成熟的技术，最早应用于选矿和瓷土工业，但将它用于水处理工程，又可以称得上是一门新兴技术。从20世纪60年代开始，苏联首先用磁凝聚法处理钢厂除尘废水；20世纪60年代末，美国MIT教授科姆发明高梯度磁过滤器；20世纪70年代，美国应用磁絮凝法和高梯度磁分离法处理钢铁、食品、化工等废水。近年来，随着对水环境质量要求的提高，对深度处理技术的要求也随之提高。磁分离技术作为一种可以高效去除磷的技术，在再生水处理领域得到很好的应用。

磁分离水处理技术利用废水中杂质颗粒的磁性进行分离，是在传统的混凝、沉淀、过滤处理工艺基础上发展起来的，不同之处是在投加混凝剂之后投加磁种，混凝过程中磁种被絮体包裹起来，在沉淀池中絮体包裹着磁种一起沉淀下来，磁种起到加速沉降的作用。对于水中非磁性或弱磁性的颗粒，利用磁性接种技术可使它们具有磁性。与传统混凝、沉淀、过滤工艺相比，磁分离技术可以缩短沉淀、过滤时间，节约占地面积。

根据工艺过程的不同，磁分离技术分为以下三类。

1. 磁凝聚法（CoMag）

CoMag 技术（Co，concrete 混凝；Mag，magnetism 磁分离）是传统深度处理工艺（混凝、沉淀、过滤）与高梯度磁分离技术（HGMS）的融合。其工艺流程为在反应池中投加混凝剂和磁种，混凝过程中磁种被絮体包裹起来，在沉淀池中絮体包裹着磁种一起沉淀下来，磁种起到加速沉降的作用。沉淀污泥一部分回流到反应池，以增大反应池中的污泥浓度，提高凝聚效果；另一部分通过磁鼓将磁种从污泥中分离出来，磁种回到反应池循环利用，污泥进行无害化处理。沉淀池出水采用磁过滤器进一步处理，取代传统的砂滤工艺。

2. BioMag 技术

将 CoMag 工艺与活性污泥法结合，形成 BioMag 技术，可以达到脱氮除磷的效果。该工艺的实质为生物处理加上加药化学除磷。除磷主要靠化学沉析及混凝磁分离来实现。

就一般的城市污水水质，按现在普遍采用的生物除磷脱氮工艺，实际很难达到《污水综合排放标准》中的二级标准，更不用说一级标准了。所以，采用 BioMag 工艺（加药化学除磷强化活性污泥法）处理城市污水有一定的价值。

3. 超磁分离法（ReCoMag）

ReCoMag 技术（Re，稀土）与 CoMag 技术类似，其不同之处是利用超导电磁过滤器获得高磁力梯度，从而提高处理效率和处理结果。超导体在某一临界温度下具有完全的导电性，也就是电阻为零，没有热损耗。因而可以用大电流，从而得到很高的磁场强度。如用超导可获得磁场强度为 2T 的电磁体。此外，超导还可获得很高的磁力梯度。

超导电磁过滤器的优点是可以获得很高的磁场强度和磁力梯度，电磁体不发热，电耗较少，运行费用较低，能制成可以连续工作的磁过滤器。

（二）磁树脂交换技术

磁性树脂交换技术是一种新型的离子交换技术，采用磁性树脂作为离子交换树脂，磁性树脂粒径比常规离子交换树脂小，具有大的比表面积，吸附速率和再生速率都比较高。磁性树脂主要特点是在树脂结构中结合了磁性氧化铁成分，使得树脂颗粒快速絮凝成大颗粒，快速沉降，通过重力沉降快速从悬浮液中分离。在饮用水处理中用于去除色度、嗅味、有机物、硫、砷等污染物。在市政污水的再生水回用中用于进一步去除二级出水中的污染物，如有机物、硝酸盐、磷等。在印染、造纸等工业废水的处理中用于去除色度、有机物和各种无机污染物。

磁性树脂技术目前主要应用于饮用水处理方面，在国外包括澳大利亚、美国和欧洲等地都有一些工程应用，而国内的研究和应用还处于起步阶段，对其机理和应用性研究还很少。再生水处理领域，磁性树脂技术发挥其特点，与混凝沉淀、膜过滤等工艺组合使用，这将可能为再生水的广泛可靠应用提供一种保障技术。

（三）GFH 技术

GFH（Granulated Ferric Hydroxide）技术是柏林工业大学水质控制所于 20 世纪 90 年代初期开发的，最初用于从天然水体中除砷。近年来，GFH 在除氟、除NOM（主要为腐殖质）、除磷等方面也均有研究报道。

GFH 是结晶程度低的 β-FeOOH，主要成分是正方针铁矿，比表面积为 $250\sim300 \, m^2/g$ 的多孔吸附剂。在吸附过程中，GFH 的孔完全被水填充，可利用的吸附部位密度非常高，因此具有高的吸附容量。

在欧洲有 20 多套商业运行的 GFH 除砷设备。对于 GFH 除氟、除 NOM、除磷等，目前主要处于研究试验阶段。NOM 本身无毒，但在净化与输送过程中会对环境产生直接或间接的危害。已有研究表明 GFH 可去除水中的 NOM，大分子和 UV 消光度 NOM 的吸附效果好，而小分子 NOM 的吸附效果差，甚至不能吸附。GFH 在再生水回用中的应用主要是对磷的去除。GFH 的磷吸附能力比较强，在景观水体的回用、补水中，可很好地控制水体藻类生长等富营养化问题；在水处理过程中，GFH 也可有效降低 MBR 出水中的磷。

（四）硅藻土技术

硅藻土是由硅藻生物遗骸经过上万年沉积形成的天然无定形二氧化硅，即由含水二氧化硅小球最紧密堆积而成。小球间隙构成纳米微孔，同时壳体本身具有大孔结构，从而形成丰富的孔结构。由于具有这种独特的多孔结构以及强吸收性、耐热性等优异的物化性能，硅藻土被广泛用作化工、石油、建材等诸多领域。

应用在水处理领域的硅藻土通常需要采用特殊的选矿提纯方法把硅藻含量富集到 92% 以上，一般称之为硅藻精土。而且在应用时，硅藻精土需要根据水质的要求进行进一步改性，表面改性是指在硅藻精土中加入适量的一种或几种混凝剂复合而成，改性后的硅藻精土一般称之为硅藻精土水处理剂。在污水处理中根据污水的不同类别，改性配制成处理各种水质的系列硅藻精土水处理剂，这种水处理剂充分发挥了硅藻精土所具有的纳米微孔特性。

对硅藻土进行表面改性，使其对带负电的胶体颗粒也能脱稳，从而使脱稳胶体极易被吸附到具有巨大比表面积和强大吸附性能的硅藻精土上，且附着了污染物质的硅藻土颗粒间也有很大的相互吸附能力，所以将改性硅藻土作为混凝剂加入污水中，能快速形成粒度和密度都比较大的絮体，且该絮体的稳定性好，甚至当絮体被打碎后，还可以发生再絮凝，这是其他的铝盐、铁盐等常用污水处理剂所无法达到的。在专用的硅藻土处理池中，絮体能形成一个稳定的、致密的悬浮污泥滤层，污水经过系统内自我形成的致密的悬浮泥层过滤之后能得到进一步净化。总之，改性硅藻土处理污水时的作用机理是非常复杂的，脱稳絮凝、物理吸附、沉淀、过滤、生物强化等多个过程同时进行，污水净化的过程是这些过程协同作用的结果。

硅藻土技术在国内城市污水处理中应用的时间只有十年左右；硅藻土一级强化处理后加生物处理阶段；生物处理后加硅藻土深度处理阶段。经过了这十年来的发展，硅藻土技术的变化是相当大的，并且硅藻土的许多优势还没有完全发挥出来。今后，随着硅藻土作用机理研究的不断深入，硅藻土技术将在回用水处理领域发挥越来越重要的作用。

第三节　再生水回用的方式与经济分析

一、再生水回用的方式

再生水回用是指城市污水于工厂内部，以及工业用水的循序使用等。再生水回用分为直接回用和间接回用两种。经处理后再用于农业、工业、娱乐设施、补充地下水与城市给水，或工业废水经处理后再用两种形式。

（一）直接回用

直接回用是指再生水厂通过输水管道直接将再生水送给用户使用，通常有三种模式。

（1）实行双管道系统供水

这种模式即在再生水厂系统铺设再生供水管网，与城市供水管网并行向用户输送再生水。再生水系统的运行、维护和管理方式与饮用水系统相似。圣彼德斯堡市拥有美国最早的市级双管道系统之一，该系统从 1997 年开始运行，为包括住宅、商业开发区、工业园区、可再生能源发电厂以及学校等设施提供再生水。加利福尼亚州的波莫纳市于 1973 年首次运行再生水系统，向加州理工学院提供再生水，之后又为两个造纸厂、道路景观绿化、地方公园以及垃圾填埋场增设了再生水供应系统。

（2）由再生水厂铺设专用管道供大工厂使用

这种方式用途单一，比较实用，在国外应用比较普遍。

（3）大型公共建筑和住宅楼群的污水就地处理、回收、循环再用

这种方式在日本被普遍推广使用；美国目前有多处使用这种方式，大部分是商业办公楼、购物中心和学校；新加坡裕隆工业区一幢 12 层公寓大楼使用这种方式，服务人口为 25 000 人；我国广州的花园饭店、北京的万泉公寓都已使用这种方式。

（二）间接回用

间接回用是指水经过一次或多次使用后成为生活污水或工业废水，经处理后

排入天然水体，经水体自然净化，包括较长时间的储存、沉淀、稀释、日光照射、曝气、生物降解、热作用等，然后再次使用。间接回用又分为补给地表水和人工补给地下水两种方式。

1. 补给地表水

水污水经处理后排入地表水体，经过水体的自净作用再进入给水系统。

2. 人工补给地下水

污水经处理后人工补给地下水，经过净化后再抽取上来送入给水系统。

直接回用和间接回用的主要区别在于，间接回用中包括了天然水体的缓冲、净化作用，而直接回用则没有任何天然净化作用。

二、再生水回用的经济分析

一项再生水回用工程的上马使用，需要大量的资金投入。从输配管线的设计、建造到再生水设备的运行使用，每一个环节都需要耗费大量的人力、物力资源。一般农业、工业及娱乐景观等使用再生水的地点若离再生水的水源较近，则可以节省一部分资金，否则需要在再生水厂与使用者之间建造新的输配设施，这样成本就会更高。

除管线建造、设备购置需要投入大量资金外，设备运行、维护及更换也需要一定的资金投入。因此，再生水系统实际支出往往高于预算成本，这些成本一般计入再生水的使用费中，通常以用水量或按月定额计算。但考虑污水处理的需求，一些地区仍鼓励消费者低价或免费使用再生水。此外，影响成本的因素还有再生水系统运行后有可能出现的用水量减少导致的生产规模缩小，且当饮用水或再生水供水系统隶属于不同运营部门时，将大大降低收入。因此，投资再生水系统之前，应该对各种经济因素进行全面的调研。

（一）再生水回用的经济性

1. 再生水回用供水系统建设费用低廉

与远距离引水相比，输水管路方面具有绝对优势。跨流域调水是一项耗资巨大的供水工程，从丰水流域向缺水流域引水对环境破坏严重。对于污水再生回用而言，水源的获得基本上采取就地取水，这样既不需要远距离引水的巨额工程投资，也无须支付大笔的水资源费用，还可节省大笔输水管道建设费用和输水电费，水源成本较低。

2.再生水供水系统运行费用经济

再生水厂与污水处理厂相结合，省去了许多相关的附属建筑物，如变配电系统、机修车间、化验室等。同时，再生水厂的反冲洗系统和污泥处理也可并入二级处理厂的系统之内，从而大大降低了日常运行费用。再生水厂与二级处理厂合作办公，可以节约许多管理人员，减轻了经济上的负担，提高了人力资源的有效利用率。

3.再生水被视为"第二水源"

再生水可以适当收取费用，从而带动污水处理厂的良好运行和维持财政收支平衡。长期以来，不仅仅是我国，在很多国家，污水处理费用也是相当昂贵的。如何有效、经济地提高污水处理的质量和效率，污水再生回用是被世界公认的唯一途径。从市场经济的角度考虑，污水再生回用时的污水变成"产品"或"商品"，使得公益事业开始向经营单位转变，可大大激发污水处理厂的活力。通过出售"再生水"这一产品得到一部分收益，用于补贴污水处理的部分费用，使得污水这一资源进入市场，污水处理厂的运行进入生产—销售—再生产的良性循环。

4.再生水回用的潜在经济效益

污水回用提供了新水源，减少了新鲜水的取用量和市政管道的污水量，这样可以改善城市排水设施的投资运行环境，改善了自然水环境，从而使整个城市的生态环境都更加健康，带动旅游业、房地产业逐步升温，由此带来不可估量的经济效益。

（二）建设实施再生水回用工程的可行性分析

计划投资再生水系统时，首先要进行成本效益分析，比较使用再生水与新鲜淡水之间的成本与收益的差异。如将每年特质水的生产量换算为需求减少或者供应增加，根据所得的结果再次考查各种方案的优劣，做出正确选择。这些方案也包含部分反映生活质量、环境等的影响因素。

成本效益分析的重点是考察工程对各种用户类型（如工业、商业、居民、农业）的经济影响。其重要性在于，从终端利用的角度分析对多个再生水工程备选方案的市场销售情况，具体考察备选方案中再生水供应的成本与新鲜淡水供应的成本，在水资源充裕和匮乏时水需求与价格之间的关系，以评价项目是否经济可行。作为百年供水工程的一部分，随着供水量的增加，再生水系统比传统的污水处理更为经济。

此外，还需要考虑利益分配问题。使用再生水能延缓或取消供水系统和污水处理系统的扩建。当用户从延缓扩建供水系统中受益时，现有的用户和将来的用户都将共同承担部分再生水成本。相似的分析方式也适用于其他问题，如采用较为严格的污水排放标准时，用户可以从延缓或取消污水处理系统的扩建中受益，部分再生水成本同样也被要求由现有和将来用户共同承担。

最后对建造和运行所需的再生水设备是否有充足的经济来源进行可行性分析。

（三）工程建设及运行资金来源

再生水回用工程的建设、使用以及良性运转需要大量的资金做保障，若仅靠再生水的用户支付使用费来维持系统的日常运行是比较困难的。国外在这方面运作的较好，有很多成功的经验，我们可以从中进行借鉴。

美国为了保障再生水工程的建设经费，通常需要通过发行长期债券来提供相应的资金，解决今后几十年项目建设的费用问题。专项拨款、开发商投资等其他资金来源亦可用于缓解和补充年税收需求。各种可利用的外来资金包括以下几种。

一是当地政府免税债券。20~30 年期限的长期债券可以为再生水工程提供资金补助。

二是专项拨款及州政府周转资金。资本需求能够通过州政府、当地的专项拨款或通过 SRF 贷款获得部分资金支持，特别是专门用于资助再生水的项目。

三是捐助资金。开发商与工业用户签订特殊协议，规定以资产或者资金的方式支付特定工程的成本费用。

上述方式主要是获取工程建设资金的方法。在美国，还可以通过以下方式支付设备的运转、维护及更换等费用。

A. 再生水使用者付费；

B. 公共事业单位的运行预算与现金储备；

C.本地财产税收及现有使用者付费；

D.公共设施使用税收；

E.特殊捐税和特税地区；

F.接入费。

上述筹集资金的方法由于国情不同，因而我们不能完全照搬，但我们可以参考、借鉴，从而摸索出适合我国国情的解决再生水回用工程资金的方法。

第九章　水资源评价

第一节　水资源评价的要求和内容

一、水资源评价的一般要求

第一，水资源评价是水资源规划的一项基础工作。应该先调查、搜集、整理、分析利用已有资料，在必要时再辅以观测和试验工作。水资源评价使用的各项基础资料应具有可靠性、合理性与一致性。

第二，水资源评价应分区进行。各单项评价工作在统一分区的基础上，可根据该项评价的特点与具体要求，再划分计算区或评价单元。首先，水资源评价应按江河水系的地域分布进行流域分区。全国性水资源评价要求进行一级流域分区和二级流域分区；区域性水资源评价可在二级流域分区的基础上，进一步分出三级流域分区和四级流域分区。其次，水资源评价还应按行政区划进行行政分区。全国性水资源评价的行政分区要求按省（自治区、直辖市）和地区（市、自治州、盟）两级划分；区域性水资源评价的行政分区可按省（自治区、直辖市）、地区（市、自治州、盟）和县（市、自治县、旗、区）三级划分。

第三，全国及区域水资源评价应采用日历年，专项工作中的水资源评价可根据需要采用水文年。计算时段应根据评价目的和要求选取。

第四，应根据经济社会发展需要及环境变化情况，一定时期对前次水资源评价成果进行全面补充修订或再评价。

二、水资源评价的内容及分区

根据《中国水利百科全书》对水资源评价的定义和《水资源评价导则》的要求，水资源评价应包括以下主要内容。

第一，水资源评价的背景与基础。主要是指评价区的自然概况、社会经济现状、水利工程及水资源利用现状等。

第二，水资源数量评价。主要对评价区域地表水、地下水的数量及其水资源总量进行估算和评价，属基础水资源评价。

第三，水资源品质评价。根据用水要求和水的物理、化学和生物性质对水体质量做出评价，我国水资源评价主要应对河流泥沙、天然水化学特征及水资源污染状况等进行调查和评价。

第四，水资源开发利用及其影响评价。通过对社会经济、供水基础设施和供用水现状的调查，对供用水效率、存在问题和水资源开发利用现状对环境的影响进行分析。

第五，水资源综合评价。在上述四部分内容的基础上，采用全面综合和类比的方法，从定性和定量两个角度对水资源时空分布特征、利用状况，以及与社会经济发展的协调程度做出综合评价。主要内容包括水资源供需发展趋势分析、水资源条件综合分析和水资源与社会经济协调程度分析等。

为准确掌握不同区域水资源的数量和质量以及水量转换关系，区分水资源要素在地区间的差异，揭示各区域水资源供需特点和矛盾，水资源评价应分区进行。其目的是把区内错综复杂的自然条件和社会经济条件，根据不同的分析要求，选用相应的特征指标进行分区概化，使分区单元的自然地理、气候、水文和社会经济、水利设施等各方面条件基本一致，便于因地制宜、有针对性地进行开发利用。水资源评价分区的主要原则如下。

第一，尽可能按流域水系划分，保持大江大河干支流的完整性，对自然条件差异显著的干流和较大支流可分段划区。山区和平原区要根据地下水补给和排泄特点加以区分。

第二，分区基本上能反映水资源条件在地区上的差别，自然地理条件和水资源开发利用条件基本相同或相似的区域划归同一分区，同一供水系统划归同一分区。

第三，边界条件清楚，区域基本封闭，尽量照顾行政区划的完整性，以便于资料收集和整理，且可以与水资源开发利用与管理相结合。

第四，各级别的水资源评价分区应统一，上下级别的分区相一致，下一级别的分区应参考上一级别的分区结果。

按以上原则逐级分区，就全国而言，可以先根据流域和水系划分一级区，再根据水文和水文地质特征及水资源开发利用条件划分为二级或三级区。

第二节　水资源数量评价

水资源数量评价是指对评价区内的地表水资源、地下水资源及水资源总量进行估算和评价，是水资源评价的基础部分，因此也称为基础水资源评价。

一、地表水资源数量评价的内容和要求

按照中华人民共和国行业标准《水资源评价导则》的要求，地表水资源数量评价应包括下列内容。

第一，单站径流资料统计分析。

第二，主要河流（一般指流域面积大于 5 000 km² 的大河）年径流量计算。

第三，分区地表水资源数量计算。

第四，地表水资源时空分布特征分析。

第五，入海、出境、入境水量计算。

第六，地表水资源可利用量估算。

第七，人类活动对河川径流的影响分析。

单站径流资料的统计分析应符合下列要求。

第一，凡资料质量较好、观测系列较长的水文站均可作为选用站，包括国家基本站、专用站和委托观测站。各河流控制性观测站为必须选用站。

第二，受水利工程、用水消耗、分洪决口影响而改变径流情势的观测站，应进行还原计算，将实测径流系列修正为天然径流系列。

第三，统计大河控制站、区域代表站历年逐月的天然径流量，分别计算长系列和同步系列年径流量的统计参数；统计其他选用站的同步期天然年径流量系列，并计算其统计参数。

第四，主要河流年径流量计算。选择河流出山口控制站的长系列径流量资料，

分别计算长系列和同步系列的平均值及不同频率的年径流量。

分区地表水资源量计算应符合下列要求。

第一，针对各分区的不同情况，采用不同方法计算分区年径流量系列。当区内河流有水文站控制时，根据控制站天然年径流量系列，按面积比修正为该地区年径流系列；在没有测站控制的地区，可利用水文模型或自然地理特征相似地区的降雨径流关系，由降水系列推求径流系列；还可通过绘制年径流深等值线图，从图上量算分区年径流量系列，经合理性分析后采用。

第二，计算各分区和全评价区同步系列的统计参数和不同频率（P 为 20%、50%、75%、95%）的年径流量。

第三，应在求得年径流系列的基础上进行分区地表水资源量的计算。入海、出境、入境水量的计算应选取河流入海口或评价区边界附近的水文站，根据实测径流资料，采用不同方法换算为入海断面或出、入境断面的逐年水量，并分析其年际变化趋势。

地表水资源时空分布特征分析应符合下列要求。

第一，选择集水面积为 300~5 000 km² 的水文站（在测站稀少地区可适当放宽要求），根据还原后的天然年径流系列，绘制同步期平均年径流深等值线图，以此反映地表水资源的地区分布特征。

第二，按不同类型自然地理区选取受人类活动影响较小的代表站，分析天然径流量的年内分配情况。

第三，选择具有长系列年径流资料的大河控制站和区域代表站，分析天然径流的多年变化。

二、地表水资源量的计算

地表水资源量一般通过河川径流量的分析计算来表示。河川径流量是指一段时间内河流某一过水断面的过水量，包括地表产水量和部分或全部地下产水量，是水资源总量的主体。在无实测径流资料的地区，降水量和蒸发量是间接估算水资源的依据。在多年平均情况下，一个封闭流域的河川年径流量是区域年降水量扣除区域年总蒸散发量后的产水量，因此河川径流量的分析计算必然涉及降水量和蒸发量。水资源的时空分布特点也可通过降水、蒸发等水量平衡要素的时空分布来反映。因此要计算地表水资源数量，需要了解降水、蒸发以及河川径流量的计算方法，下面对其进行简要说明。

（一）降水量计算

降水量计算应以雨量观测站的观测资料为依据，且观测站和资料的选用应符合下列要求。

第一，选用的雨量观测站，其资料质量应较好、系列较长、面上分布较均匀。在降水量变化梯度大的地区，选用的雨量观测站要适当加密，同时满足分区计算的要求。

第二，采用的降水资料应为经过整编和审查的成果。

第三，计算分区降水量和分析其空间分布特征时，应采用同步资料系列；而分析降水的时间变化规律时，应采用尽可能长的资料系列。

第四，资料系列长度的选定，既要考虑评价区大多数观测站的观测年数，避免过多地插补延长，又要兼顾系列的代表性和一致性，并做到降水系列与径流系列同步。

第五，选定的资料系列如有缺测和不足的年、月降水量，应根据具体情况采用多种方法插补延长，经合理性分析后确定采用值。

降水量用降落到不透水平面上的雨水（或融化后的雪水）的深度来表示，该深度以毫米（mm）计，观测降水量的仪器有雨量器和自记雨量计两种。其基本点是用一定的仪器观测记录下一定时间段内的降水深度，作为降水量的观测值。

降水量计算应包括下列内容。

第一，计算各分区及全评价区同步期的年降水量系列、统计参数和不同频率的年降水量。

第二，以同步期均值和 C_v 点据为主，不足时辅之以较短系列的均值和 C_v 点据，绘制同步期平均年降水量和 C_v 等值线图，分析降水的地区分布特征。

第三，选取各分区月、年资料齐全且系列较长的代表站，分析计算多年平均连续最大 4 个月降水量占全年降水量的百分率及其发生月份，并统计不同频率典型年的降水月分配。

第四，选择长系列观测站，分析年降水量的年际变化，包括丰枯周期、连枯连丰、变差系数、极值比等。

第五，根据需要，选择一定数量的有代表性测站的同步资料，分析各流域或地区之间的年降水量丰枯遭遇情况，并可用少数长系列测站资料进行补充分析。

根据实际观测，一次降水在其笼罩范围内各地点的大小并不一样，表现了降水量分布的不均匀性。这是由于复杂的气候因素和地理因素在各方面互相影响所致。因此，工程设计所需要的降水量资料都有一个空间和时间上的分布问题。流域平均降水量的常用计算方法有算术平均法、等值线法和泰森多边形法。当流域内雨量站实测降水量资料充分时，可以根据各雨量站实测年降水量资料，用算术平均法或者泰森多边形法算出逐年的流域平均降水量和多年评价年降水量，对降水量系列进行频率分析，可求得不同频率的年降水量。当流域实测降水量资料较少时，可用降水量等值线图法计算。对于年降水量的年内分配通常采用典型年法，按实测年降水量与某一频率的年降水量相近的原则选择典型年，按同倍比或者同频率法将典型年的降雨量年内分配过程乘以缩放系数得到。

（二）蒸发量计算

蒸发是影响水资源数量的重要水文要素，其评价内容应包括水面蒸发、陆面蒸发和干旱指数。

第一，水面蒸发是反映蒸发能力的一个指标，其分析计算对于探讨水量平衡要素分析和水资源总量计算都有重要作用。水量蒸发量的计算常用水面蒸发器折算法。选取资料质量较好、面上分布均匀且观测年数较长的蒸发站作为统计分析的依据，选取的测站应尽量与降水选用站相同，不同型号蒸发器观测的水面蒸发量，应统一换算为 E-601 型蒸发器的蒸发量。其折算关系为

$$E = \varphi E'$$

式中：E——水面实际蒸发量；

　　　E'——蒸发器观测值；

　　　φ——折算系数。

水面蒸发器折算系数随时间而变，年际和年内折算系数不同，一般呈秋高春低，晴雨天、昼夜间也有差别。折算系数在地区分布上也有差异，在我国，有从东南沿海向内陆逐渐递减的趋势。

第二，陆面蒸发指特定区域天然情况下的实际总蒸散发量，又称流域蒸发。陆面蒸发量常采用闭合流域同步期的平均年降水量与年径流量的差值来计算。亦即水量平衡法，对任意时段的区域水量平衡方程有如下基本形式：

$$E_i = P_i - R_i \pm \Delta W$$

式中：E_i——时段内陆面蒸发量；

P_i——时段内平均降水量；

R_i——时段内平均径流量；

ΔW——时段内蓄水变化量。

第三，干旱指数是反映气候干湿程度的指标，是指年蒸发能力与年降水量的比值，公式为

$$r = E / P$$

式中：r——干旱指数；

E——年蒸发能力，常以 E-601 水面蒸发量代替；

P——年降水量。

当 $r < 1.0$ 时，表示该区域蒸发能力小于降水量，该地区为湿润气候，r 越小，湿润程度就越大；当 $r > 1.0$ 时，表示该区域蒸发能力大于降水量，该地区为干燥气候，r 越大，干燥程度就越重。我国用干旱指数将全国分为五个气候带：十分湿润带（$r < 0.5$）、湿润带（$0.5 \leq r < 1.0$）、半湿润带（$1.0 \leq r < 3.0$）、半干旱带（$3.0 \leq r < 7.0$）和干旱带（$r \geq 7.0$）。

（三）河川径流量计算

根据水资源评价要求，河川径流量的分析与计算主要是分析研究区域的河川径流量及其时空变化规律，阐明径流年内变化和年际变化的特点，推求区域不同频率代表年的年径流量及其年内时程分配。河川径流量的计算方法有代表站法、等值线法、年降水–径流函数关系法、水文模型法等，下面对这四种方法进行简要说明。

1.代表站法

在计算区域内，如果能够选择一个或几个基本能控制区域大部分面积、实测径流资料系列较长、精度满足要求的代表性水文站，且区域内上、下游自然地理

条件比较一致时，可以用代表性水文站年径流量推算区域多年平均径流量。

若计算区内各河流的进口和出口均有控制站，可有出口断面与进口断面的年径流量之差，再加上区间的还原水量，得出计算区的河川径流量。若计算区仅有一个控制站，且上下游的降水量差别较大，自然地理条件也不太一致，但下垫面却相差不大，这样，可以用降水量作为权重来计算区域多年平均年径流量，即

$$R = R_a \left(1 + \frac{P_h f_b}{P_a f_a} \right)$$

式中：R——区域多年平均年径流量；

$\qquad R_a$——控制站控制面积的实测径流量；

$\qquad P_a$, f_a——控制站控制面积的平均年降水量、集水面积；

$\qquad P_b$, f_b——控制站控制面积以外的平均年降水量、集水面积。

2.等值线法

在区域面积不大且缺乏实测径流资料的情况下，或者是在有实测径流资料但区域面积较大且不能控制全区的情况下，可以借用包括该区在内的较大面积的多年平均年径流深等值线图，从图上查算出区域内的平均年径流深，乘以区域面积，来计算区域多年平均年径流量。有时，为了确保计算结果的可靠性，还可以用邻区有实测径流资料的相似流域，采用均值比法进行适当修正和验算。

3.年降水 – 径流函数关系法

假如本区域有足够年份的实测降水、径流资料或相邻相似代表区域有足够年份的实测降水、径流资料，可建立年降水 – 径流函数关系。这样，就可以用年降水资料来推算年径流量。通常可用下式的数学模型：

$$R = A e^{BP}$$

式中：A, B——模型经验参数；

$\qquad P$——年降水量；

$\qquad R$——径流量；

$\qquad e$——自然对数的底。

这种方法的关键是要根据大量的实测资料来建立降水 – 径流函数关系模型。

4.水文模型法

在研究区域上，选择具有实测降水径流资料的代表站，建立降雨径流模型，

用于研究区域的水资源评价。常用的水文模型有萨克拉门托模型、水箱模型、新安江水文模型等。其中新安江水文模型是河海大学赵人俊 1973 年研制的一个分散参数的概念性降雨径流模型，是国内第一个完整的流域水文模型，在我国湿润与半湿润地区被广泛应用。近几十年来，新安江水文模型不断改进，已成为我国特色应用较广泛的一个流域水文模型。新安江水文模型把全流域按一定方法进行分块，每一块为单元流域，对每个单元流域做产汇流计算，得出单元流域的出口流量过程，再进行出口以下的河道洪水演算，求出流域出口的流量过程。把每个单元流域的出流过程相加，求出流域出口的总出流过程。

三、地下水资源量的计算与评价

（一）地下水资源数量评价的内容和要求

地下水资源数量评价内容包括补给量、排泄量、可开采量的计算和时空分布特征分析，以及人类活动对地下水资源的影响分析。

在地下水资源数量评价之前，应获取评价区以下资料。

一是地形地貌、地质构造及水文地质条件。

二是降水量、蒸发量、河川径流量。

三是灌溉引水量、灌溉定额、灌溉面积、开采井数、单井出水量、地下水实际开采量、地下水动态、地下水水质。

四是包气带及含水层的岩性、层位、厚度及水文地质参数，对岩溶地下水分布区还应搞清楚岩溶分布范围、岩溶发育程度。

地下水资源数量评价应符合下列要求。

第一，根据水文气象条件、地下水埋深、含水层和隔水层的岩性、灌溉定额等资料的综合分析，确定地下水资源数量评价中所必需的水文地质参数，主要包括给水度、降水入渗补给系数、潜水蒸发系数等。给水度是指地下水位下降单位深度所排出的水层厚度，与地下水埋深、土壤特性等有关；降水入渗补给系数指降水入渗补给量与降水量的比值；潜水蒸发系数指潜水蒸发强度与同期水面蒸发强度的比值。

第二，地下水资源数量评价的计算系列尽可能与地表水资源数量评价的计算系列同步，应进行多年平均地下水资源数量评价。

第三，地下水资源数量按水文地质单元进行计算，并要求分别计算、评价流域分区和行政分区地下水资源量。

（二）地下水资源量的计算

地下水资源量是指浅层地下水体在当地降水补给条件下，经水循环后的产水量。在计算地下水资源量，即地下水补给量时，由于山丘区与平原区的补给方式不同、获得资料的途径不同，其计算方法也不同，常常分开进行计算，最后再汇总。一般山丘区、岩溶区及黄土高原丘陵沟壑区地下水资源量的计算方法大体相同，这些地方统称为山丘区；一般平原区、山间盆地平原区、黄土高原墹台阶地区、沙漠区及内陆闭合盆地平原区地下水资源量的计算方法相近或类同，这些地方统称为平原区。

1.平原区地下水资源量计算

在平原区，地下水资源量为总补给量扣除井灌回归补给量，同时要满足水量平衡原理，即年均总补给量和年均总消耗量应相等。总补给量包括降雨入渗补给量、河道渗漏补给量、山前侧向流入补给量、渠系渗漏补给量、水库湖泊渗漏补给量、田间灌溉入渗补给量、越流补给量、人工回灌补给量等。可以采用分类型计算补给水量再求和的方法来计算地下水总补给水量。即有下面一般计算式：

$$U = U_{pf} + U_{rf} + U_{kf} + U_{cf} + U_{df} + U_{ff} + U_{if} + U_{mf}$$

式中：U——平原区多年年平均地下水补给量；

U_{pf}——平原区多年年平均降水入渗补给量；

U_{rf}——平原区多年年平均河道渗漏补给量；

U_{kf}——平原区多年年平均山前侧向流入补给量；

U_{cf}——平原区多年年平均渠系渗漏补给量；

U_{df}——原区多年年平均水库、湖泊渗漏补给量；

U_{ff}——平原区多年年平均田间灌溉入渗补给量；

U_{if}——原区多年年平均越流补给量；

U_{mf}——平原区多年年平均人工回灌补给量。

2.山丘区地下水资源量计算

在山丘区，由于受到资料条件的限制，常常难以直接采用公式来计算地下水补给量，而是根据"多年平均总补给量等于总排泄量"这一原理，一般采用计算地下水的总排泄量来近似作为总补给量，即有下式：

$$Q_m = R_{gm} + R_{um} + U_{km} + Q_{sm} + E_{gm} + q_m$$

式中：Q_m——山丘区多年年平均地下水补给量；

R_{gm}——山丘区多年年平均河川基流量；

R_{um}——山丘区多年年平均河床潜流量；

U_{km}——山丘区多年年平均山前侧向流出量；

Q_{sm}——山丘区未计入河川径流的多年平均山前泉水出露量；

E_{gm}——山丘区多年平均潜水蒸发量；

q_m——山丘区多年平均实际开采的净消耗量。

总排泄量中以河川基流量为主要部分，也是分析的主要内容。对于我国南方降水量较大的山丘区，其他各项排泄量相对较小，一般可忽略不计。河川基流量为地下水对河道的排泄量。山丘区河流坡度陡，河床切割较深，水文站实测的逐日平均流量过程线既包括地表径流，又包括地下水的河川基流量。河川基流量可通过分割实测流量过程的方法近似求得。

（三）水资源总量

1. 水资源总量评价的内容与要求

水资源总量评价，是在地表水和地下水资源数量评价的基础上进行的，主要内容包括"三水"（降水、地表水、地下水）关系分析、水资源总量计算和水资源可利用总量估算。"三水"转化和平衡关系的分析内容应符合下列要求。

第一，分析不同类型区"三水"转化机理，建立降水量与地表径流、地下径流、潜水蒸发、地表蒸散发等分量的平衡关系，提出各种类型区的水资源总量表达式。

第二，分析相邻类型区（主要指山丘区和平原区）之间地表水和地下水的转化关系。

第三，分析人类活动改变产流、入渗、蒸发等下垫面条件后对"三水"关系的影响，预测水资源总量的变化趋势。

水资源总量分析计算应符合下列要求。

第一，分区水资源总量的计算途径有两种（可任选其中一种方法）：一是在计算地表水资源数量和地下水补给量的基础上，将两者相加再扣除重复水量；二是划分类型区，用区域水资源总量表达式直接计算。

第二，应计算各分区和全评价区同步期的年水资源总量系列、统计参数和不同频率的水资源总量；在资料不足地区，组成水资源总量的某些分量难以逐年求得时，则只计算多年平均值。

第三，利用多年均衡情况下的区域水量平衡方程式，分析计算各分区水文要素的定量关系，揭示产流系数、降水入渗补给系数、蒸散发系数和产水模数的地区分布情况，并结合降水量和下垫面因素的地带性规律，检查水资源总量计算成果的合理性。

2. 区域水资源总量的计算

根据目前水资源评价工作的实际情况，在水资源总量评价中，多采用将河川径流量作为地表水资源量，将地下水补给作为地下水资源量分别进行评价，再根据转化关系，扣除互相转化的重复水量的方法计算各水资源评价区的水资源总量，即

$$W = R + Q - D$$

式中：W——水资源总量；

R——地表水资源量；

Q——地下水资源量；

D——地表水和地下水互相转化的重复水量。

（四）水资源可利用量

1. 水资源可利用量的计算的内容和要求

水资源可利用量是指在水资源总量中，在不影响生态环境状态情况下，采用合理的技术经济手段可以用于人类生活、生产和生态目的的水量。主要内容包括地表水资源可利用量和地下水资源可开采量。

地表水资源可利用量估算应符合下列要求。

第一，地表水资源可利用量是指在经济合理、技术可能及满足河道内用水并顾及下游用水的前提下，通过蓄、引、提等地表水工程措施可能控制利用的河道外一次性最大水量（不包括回归水的重复利用）。

第二，某一分区的地表水资源可利用量，不应大于当地河川径流量与入境水量之和再扣除相邻地区分水协议规定的出境水量。

地下水资源可开采量估算应符合下列要求。

第一，地下水可开采量是指在经济合理、技术可能且不发生因开采地下水而造成水位持续下降、水质恶化、海水入侵、地面沉降等水环境问题，不对生态环境造成不良影响的情况下，允许从含水层中取出的最大水量，地下水可开采量应小于相应地区地下水总补给量。

第二，深层承压地下水的补给、径流、排泄条件一般很差，不具备持续开发利用意义。需要开发利用深层地下水的地区，应查明开采含水层的岩性、厚度、层位、单位出水量等水文地质特征，确定出限定水头下降值条件下的允许开采量。

2.地表水资源可利用量的计算

地表水资源可利用量应按流域水系进行分析计算，以反映流域上下游、干支流、左右岸之间的联系以及整体性。省（自治区、直辖市）按独立流域或控制节点进行计算，流域机构按一级区协调汇总。

在估算地表水资源可利用量时，应从以下方面加以分析。

第一，必须考虑地表水资源的合理开发。所谓合理开发，是指要保证地表水资源在自然界的水文循环中能够继续得到再生和补充，不致显著地影响到生态环境。地表水资源可利用量的大小受生态环境用水量多少的制约，在生态环境脆弱的地区，这种影响尤为突出。将地表水资源的开发利用程度控制在适度的可利用量之内，即做到合理开发，既会对经济社会的发展起促进和保障作用，又不至于破坏生态环境；无节制、超可利用量的开发利用，在促进了一时的经济社会发展的同时，会给生态环境带来不可避免的破坏，甚至会带来灾难性的后果。

第二，必须考虑地表水资源可利用量是一次性的，回归水、废污水等二次性水源的水量都不能计入地表水资源可利用量内。

第三，必须考虑确定的地表水资源可利用量是最大可利用水量。所谓最大可利用水量，是指根据水资源条件、工程和非工程措施以及生态环境条件，可被一次性合理开发利用的最大水量。然而，由于河川径流的年内和年际变化都很大，难以建设足够大的调蓄工程将河川径流全部调蓄起来，所以，实际上不可能把河川径流量都通过工程措施全部利用。此外，还需考虑河道内用水需求以及国际界河的国际分水协议等，所以，地表水资源可利用量应小于河川径流量。

在估算地表水资源可利用量时，各地应根据流域水系的特点和水资源条件，采用适宜的方法进行估算。在水资源紧缺及生态环境脆弱的地区，应优先考虑最小生态环境需水要求，可采用从地表水资源量中扣除维护生态环境的最小需水量和不能控制利用而下泄的水量的方法估算地表水资源可利用量。在水资源较丰沛的地区，上游及支流重点考虑工程技术经济因素可行条件下的供水能力，下游及干流主要考虑满足较低标准的河道内用水。沿海地区独流入海的河流，可在考虑技术可行、经济合理措施和防洪要求的基础上，估算地表水资源可利用量。国际河流应根据有关国际协议及国际通用的规则，结合近期水资源开发利用的实际情况估算地表水资源可利用量。

3. 地下水资源可开采量的计算

地下水资源可开采量评价的地域范围为目前已经开采和有开采前景的地区。在估算地下水资源可开采量时，应从以下方面加以分析。

第一，平原区多年平均浅层地下水资源可开采量的确定方法有实际开采量调查法（适用于浅层地下水开发利用程度较高、浅层地下水实际开采量统计资料较准确完整且潜水蒸发量不大的地区）、可开采系数法（适用于含水层水文地质条件研究程度较高的地区）、多年调节计算法和类比法（用于缺乏资料地区）等。

第二，在深层承压水开发利用程度较高的平原区，要求估算多年平均深层承压水可开采量。深层承压水可开采量评价成果不参与水资源可利用总量计算。

第三，山丘区多年平均地下水资源可开采量可根据泉水流量动态监测、地下水实际开采量等资料计算，也可采用水文地质比拟法估算。其中，在估算的地下水资源可开采量中，凡已纳入评价的地表水资源量的部分，均属于与地表水资源可利用量间的重复计算量。

4. 水资源可利用总量

水资源可利用总量的计算，可采取地表水资源可利用量与浅层地下水资源可开采量相加再扣除地表水资源可利用量与地下水资源可开采量两者之间重复计算量的方法估算。两者之间的重复计算量主要是平原区浅层地下水的渠系渗漏和渠灌田间入渗补给量的开采利用部分，可采用下式估算：

$$Q_{总}=Q_{地表}+Q_{地下}-Q_{重}$$

其中，

$$Q_重 = \rho\left(Q_渠 + Q_田\right)$$

式中：$Q_总$——水资源可利用总量；

$Q_地表$——地表水资源可利用量；

$Q_地下$——浅层地下水资源可开采量；

$Q_重$——重复计算量；

$Q_渠$——渠系渗漏补给量；

$Q_田$——田间地表水灌溉入渗补给量；

ρ——可开采系数，是地下水资源可开采量与地下水资源量的比值。

第三节 水资源品质评价

一、评价的内容和要求

水资源质量的评价，应根据评价目的、水体用途、水质特性等，选用相关的参数和相应的国家、行业或地方水质标准进行评价。其内容包括河流泥沙分析、天然水化学特征分析、水资源污染状况评价。

河流泥沙是反映河川径流质量的重要指标，主要评价河川径流中的悬移质泥沙。天然水化学特征是指未受人类活动影响的各类水体在自然界水循环过程中形成的水质特征，是水资源质量的本底值。水资源污染状况评价是指地表水、地下水资源质量的现状及预测，其内容包括污染源调查与评价、地表水资源质量现状评价，地表水污染负荷总量控制分析、地下水资源质量现状评价、水资源质量变化趋势分析及预测、水资源污染危害及经济损失分析、不同质量的可供水量估算及适用性分析。

水质评价，可按时间分为回顾评价、预断评价；按用途分为生活饮用水评价、渔业水质评价、工业水质评价、农田灌溉水质评价、风景和游览水质评价；按水体类别分为江河水质评价、湖泊水库水质评价、海洋水质评价、地下水水质评价；按评价参数分为单要素评价和综合评价；对同一水体更可以分别对水、水生物和底质评价。

地表水资源质量评价应符合下列要求。

第一，在评价区内，应根据河道地理特征、污染源分布、水质监测站网，划分成不同河段（湖、库区）作为评价单元。

第二，在评价大江、大河水资源质量时，应划分成中泓水域与岸边水域，分别进行评价。

第三，应描述地表水资源质量的时空变化及地区分布特征。

第四，在人口稠密、工业集中、污染物排放量大的水域，应进行水体污染负荷总量控制分析。

地下水资源质量评价应符合下列要求。

一是选用的监测井（孔）应具有代表性。

二是将地表水、地下水作为一个整体，分析地表水污染、纳污水库、污水灌溉和固体废弃物的堆放、填埋等对地下水资源质量的影响。

三是描述地下水资源质量的时空变化及地区分布特征。

二、评价方法介绍

水资源品质评价是水资源评价的一个重要方面，是对水资源质量等级的一种客观评价。无论是地表水还是地下水，水资源品质评价都是以水质调查分析资料为基础的，可以分为单项组分评价和综合评价。单项组分评价是将水质指标直接与水质标准比较，判断水质属于哪一等级。综合评价是根据一定评价方法和评价标准综合考虑多因素进行的评价。

水资源品质评价因子的选择是评价的基础，一般应按国家标准和当地的实际情况来确定评价因子。

评价标准的选择，一般应依据国家标准和行业或地方标准来确定。同时还应参照该地区污染起始值或背景值。

水资源质量单项组分评价就是按照水质标准（《地下水质量标准》《地表水环境质量标准》）所列分类指标划分类别，代号与类别代号相同。不同类别的标准值相同时从优不从劣。例如，地下水挥发性酚类Ⅰ、Ⅱ类标准值均为 0.001 mg/L，若水质分析结果为 0.001 mg/L 时，应定为Ⅰ类，而不定为Ⅱ类。

水资源质量综合评价有多种方法，大体可以分为评分法、污染综合指数法、一般统计法、数理统计法、模糊数学综合评判法、多级关联评价方法、Hamming贴近度评价法等，不同的方法各有优缺点。

第四节　水资源综合评价

一、水资源综合评价的内容

水资源综合评价是在水资源数量、质量和开发利用现状评价以及环境影响评价的基础上，遵循生态良性循环、资源永续利用、经济可持续发展的原则，对水资源时空分布特征、利用状况与社会经济发展的协调程度所做的综合评价，主要包括水资源供需发展趋势分析、评价区水资源条件综合分析和分区水资源与社会经济协调程度分析三方面的内容。

水资源供需发展趋势分析，是指在将评价区划分为若干计算分区，摸清水资源利用现状和存在问题的基础上，进行不同水平年、不同保证率或水资源调节计算期的需水和可供水量的预测以及水资源供需平衡计算，分析水资源的余缺程度，进而研究分析评价区社会和经济发展中水的供需关系。

评价区水资源条件综合分析是对评价区水资源状况及开发利用程度的总括性评价，应从不同方面、不同角度进行全面综合和类比，并进行定性和定量的整体描述。

分区水资源与社会经济协调程度分析包括建立评价指标体系、进行分区分类排序等内容。评价指标应能反映分区水资源对社会经济可持续发展的影响程度、水资源问题的类型及解决水资源问题的难易程度。另外，应对所选指标进行筛选和关联分析，确定重要程度，并在确定评价指标体系后，采用适当的理论和方法，建立数学模型对评价分区水资源与社会经济协调发展情况进行综合评判。

水资源不足的现象在我国普遍存在，只是严重程度有所不同，不少地区水资源已成为经济和社会发展的重要制约因素。在水资源综合评价的基础上，应提出解决当地水资源问题的对策或决策，包括可行的开源节流措施或方案，对开源的可能性和规模、节流的措施和潜力应予以科学的分析和评价；同时，对评价区内因水资源开发利用可能发生的负效应，特别是对生态环境的影响进行分析和预测。进行正负效应的比较分析，从而提出避免和减少负效应的对策，供决策者参考。

二、水资源综合评价的评价体系

水资源评价结果，以一系列的定量指标加以表示，称为评价指标体系。由此可对评价区的水资源及水资源供需的特点进行分析、评估和比较。

（一）综合评价指标

《中国水资源利用》中对全国 302 个三级分区，计算下列 10 项指标，以从不同方面合评价各地区水资源供需情况，研究解决措施和对策。

A. 耕地率。

B. 耕地灌溉率。

C. 人口密度。

D. 工业产值模数，工业总产值与土地面积之比。

E. 需水量模数，现状计算需水量与土地面积之比。

F. 供水量模数，现状 $P=75\%$ 供水量与土地面积之比。

G. 人均供水量，现状 $P=75\%$ 供水量与总人数之比。

H. 水资源利用率，现状 $P=75\%$ 供水量与水资源总量之比。

I. 现状缺水率，现状水平年 $P=75\%$ 的缺水量与需水量之比。

J. 远景缺水率，远景水平年 $P=75\%$ 的缺水量与需水量之比。

（二）综合评分

通过综合评分，可以分析评价区是否缺水。对上述 10 项指标，按其变化幅度分级，每级给定一评分值作为评分标准。

根据评分标准，对评价区进行综合评分。综合评分值按下式计算：

$$J^* = \sum_{i=1}^{10} a_i J_i$$

式中：J^*——综合评分值；

J_i——第 i 项指标的评分；

a_i——第 i 主项指标的权重。

《中国水资源利用》中取用的权重为：耕地率、耕地灌溉率、人口密度、工业值模数、现状缺水率，$a=0.5$；需水量模数、远景缺水率，$a=1.0$；水资源利用率、供水量模数、人均供水量，$a=1.5$。

经综合评分后，$J^* > 10$ 为缺水区，$5 \leqslant J^* \leqslant 10$ 为基本平衡区，$3 \leqslant J^* < 5$ 为平衡区，$J^* < 3$ 为余水区。

（三）分类分析

1. 缺水率及其变化

缺水率大于 10% 的地区，可认为是缺水地区。从现状到远景的缺水率变化趋势分析，缺水率增加的地区，缺水矛盾趋于严重，而缺水率减少地区，缺水矛盾有所缓和，在一定程度上可认为不缺水。如果现状需水指标水平定得过高，或未考虑新建水源工程已开始兴建即将生效，虽然现状缺水率高，也不列为缺水区。

2. 人均供需水量对比

首先根据自然及社会经济条件，拟订出各地区人均需求量范围。如全国山地、高原及北方丘陵，一般为 $200 \sim 400 \, m^3 /$ 人；北方平原、盆地及南方丘陵区一般为 $300 \sim 600 \, m^3 /$ 人；南方平原及东北三江平原为 $500 \sim 800 \, m^3 /$ 人；而西北干旱地区，没有水就没有绿洲，人均需水量最大，达 $2\,000 \, m^3 /$ 人。如果实际人均供水量小于人均需水量的下限，则认为该地区缺水。

3. 水资源利用率程度

一般说来，当水资源利用率已超过 50%，用水比较紧张，水资源继续开发利用比较困难的地区；绝大部分应属于缺水类型。某些开发条件较差的地区，其水资源利用率已大于 25% 的，也可能存在缺水现象。

第五节　水资源开发利用评价

水资源开发利用评价主要是对水资源开发利用现状及其影响的评价，是对过去水利建设成就与经验的总结，是对如何合理进行水资源的综合开发利用和保护规划的基础性前期工作。其目的是增强流域或区域水资源规划时的全局观念和宏观指导思想，是水资源评价工作中的重要组成部分。

一、水资源开发利用现状分析的任务

水资源开发利用现状分析主要包括两方面任务：一是开发现状分析；二是利用现状分析。

水资源开发现状分析，是分析现状水平年情况下，水利工程在流域开发中的作用。这一工作需要调查分析这些工程的建设发展过程、使用情况和存在的问题，分析其供水能力、供水对象和工程之间的相互影响，并主要分析流域水资源的开发程度和进一步开发的潜力。

水资源利用现状分析，是分析现状水平年情况下，流域用水结构、用水部门的发展过程和目前的需求水平、存在问题及今后的发展变化趋势。重点分析现状情况下的水资源利用效率。

水资源开发现状分析和水资源利用现状分析二者既有联系又有区别。水资源开发现状分析侧重于对流域开发工程的分析，主要研究流域水资源的开发程度和进一步开发的潜力；水资源利用现状分析侧重于对流域内用水效率的分析，主要研究流域水资源的利用率。水资源的开发现状分析与利用现状分析是相辅相成的，因而有时难以对二者的内容进行严格区分。

二、水资源开发利用现状分析的内容

水资源开发利用现状分析是评价一个地区水资源利用的合理程度，找出所存在的问题，并有针对性地采取措施促进水资源合理利用的有效手段。下面按照水资源开发利用现状分析的主要内容进行叙述。

（一）供水基础设施及供水能力调查统计分析

供水基础设施及供水能力调查统计分析以现状水平年为基准年，分别调查统计研究区地表水源、地下水源和其他水源供水工程的数量和供水能力，以反映当地供水基础设施的现状情况。在统计工作的基础上，通常还应分类分析它们的现状情况、主要作用及存在的主要问题。

（二）供水量调查统计分析

供水量是指各种水源工程为用水户提供的包括输水损失在内的毛供水水量。对跨流域跨省区的长距离地表水调水工程，以省（自治区、直辖市）收水口作为毛供水量的计算点。

在受水区内，可按取水水源分为地表水源供水量、地下水源供水量进行统计。地表水源供水量以实测引水量或提水量作为统计依据，无实测水量资料时可根据灌溉面积、工业产值、实际毛用水定额等资料进行估算。地下水源供水量是指水井工程的开采量，按浅层淡水、深层承压水和微咸水分别统计。供水量统计工作是分析水资源开发利用的关键环节，也是水资源供需平衡分析计算的基础。

（三）供水水质调查统计分析

供水水量评价计算仅仅是其中的一方面，还应该对供水的水质进行评价。原则上应依照供水水质标准进行评价，例如，地表水供水水质按《地表水环境质量标准》评价，地下水水质按《地下水质量标准》评价。

（四）用水量调查统计及用水效率分析

用水量是指分配给用水户、包括输水损失在内的毛用水量。用水量调查统计分析可按照农业、工业、生活三大类进行统计，并把城（镇）乡分开。在用水调查统计的基础上，计算农业用水指标、工业用水指标、生活用水指标以及综合用水指标，以评价用水效率。

（五）实际消耗水量计算

实际消耗水量是指毛用水量在输水、用水过程中，通过蒸散发、土壤吸收、产品带走、居民和牲畜饮用等多种途径消耗掉而不能回归到地表水体或地下水体的水量。

农业灌溉耗水量包括作物蒸腾、棵间蒸散发、渠系水面蒸发和浸润损失等水量。可以通过灌区水量平衡分析方法进行推算。也可以采用耗水机理建立水量模型进行计算。工业耗水量包括输水和生产过程中的蒸发损失量、产品带走水量、厂区生活耗水量等。可以用工业取水量减去废污水排放量来计算，也可以用万元产值耗水量来估算。生活耗水量包括城镇、农村生活用水消耗量，牲畜饮水量以及输水过程中的消耗量。其计算可以采用引水量减去污水排放量来计算，也可以采用人均或牲畜标准日用水量来推算。

（六）水资源开发利用引起不良后果的调查与分析

天然状态的水资源系统是未经污染和人类破坏影响的天然系统。人类活动或多或少对水资源系统产生一定影响，这种影响可能是负面的，也可能是正面的，影响的程度也有大有小。如果人类对水资源的开发不当或过度开发，必然导致一定的不良后果，如废污水的排放导致水体污染，地下水过度开发导致水位下降、地面沉降、海水入侵，生产生活用水挤占生态用水导致生态破坏等。因此，在水资源开发利用现状分析过程中，要对水资源开发利用导致的不良后果进行全面的调查与分析。

（七）水资源开发利用程度综合评价

在上述调查分析的基础上，需要对区域水资源的开发利用程度做一个综合评价。具体计算指标包括地表水资源开发率、平原区浅层地下水开采率、水资源利用消耗率。其中，地表水资源开发率是指地表水源供水量占地表水资源量的百分比；平原区浅层地下水开采率是指地下水开采量占地下水资源量的百分比；水资源利用消耗率是指用水消耗量占水资源总量的百分比。

在这些指标计算的基础上，综合水资源利用现状，分析评价水资源开发利用程度，说明水资源开发利用程度是高等、中等还是低等。

第十章　水资源承载力与可持续发展

第一节　水资源承载力的概念与特征

关于水资源承载力的定义，许多学者都提出了自己的观点，但迄今仍是一个外延模糊、内涵混沌的概念，其内涵的界定尚存在一定的分歧和不足。

一、水资源承载力的概念

承载力（Carrying Capacity）是一个古老的起源于古希腊时代的概念。但在长期的发展过程中，承载力从来没有摆脱模糊性和不确定性，其始终作为一个概念或应用性结果存在，而没有发展起自己的理论体系。

承载力的概念来源于生态学的研究。在生态学中，承载力一般被定义为"某一生态环境所能支持的某一物种的最大数量"。早在1921年，帕克和伯吉斯就将承载力的概念用于人口问题的研究，他们认为在某地区特定环境条件（主要指生存环境、营养物质、自然资源等因子的配合）下，区域的人口数量存在最高极限，即可以通过该地区的食物资源来确定区域内的人口承载力。

随着资源短缺与人类社会发展矛盾的不断加剧，承载力的概念有了进一步发展。20世纪80年代初，联合国教育、科学及文化组织提出了资源承载力的概念，并已被广泛采用，其定义为：一个国家或地区的资源承载力是指在可预见的时期内，利用本地资源及其他自然资源和智力、技术等条件，在保护符合其社会文化准则的物质生活水平下所持续供养的人口数量。资源承载力主要是探讨人口与资源的关系，研究较早且比较充分的是土地承载力。经过几十年的发展，承载力概念已涉及许多资源领域。

区域水资源承载力（Carrying Capacity of Regional Water Resources）的理论

研究，是继土地资源承载力之后研究比较多的一部分。国际上单项研究的成果较少，大多将其纳入可持续发展理论中，如从供水角度对城市水资源承载力进行相关研究，并将其纳入城市发展规划中；Rijiberman 等在研究城市水资源评价和管理体系中将承载力作为城市水资源安全保障的衡量标准；Harrs 着重研究了农业生产区域水资源农业承载力，将此作为区域发展潜力的一项衡量标准。

国内在承载力方面的研究起步较晚。20 世纪 80 年代末，新疆软科学课题组首次对新疆的水资源承载力和开发战略进行了研究，并明确提出了水资源承载力的概念。但迄今为止水资源承载力研究仍然没有形成一个科学、系统的理论体系，即便是关于水资源承载力的定义也没有统一的认识，许多学者都提出了自己的观点。施雅风认为水资源承载力是指某一区域的水资源，在一定社会历史和科学技术发展阶段，在不破坏社会和生态系统时，最大可承载的工业、农业、城市规模和人口的能力，是一个随社会、经济、科学技术发展而变化的综合指标。

水资源承载力体现了水资源不同于其他资源的特性，水资源承载力基于可持续发展原则，水资源、社会、经济与生态环境应该协调发展。目前关于水资源承载力的定义多种多样，并无明确统一的定义，但其本质基本一致。水资源承载力的定义应能反映以下几方面的内容。

第一，水资源承载力的研究是在可持续发展的框架下进行的，要保证水资源承载力与可持社会经济的可持续发展。从水资源的角度，就是首先保证生态环境的良性循环，实现水资源的可持续开发利用；从水资源社会经济系统各子系统关系的角度，就是水资源、社会、经济、生态环境各子系统之间应协调发展。

第二，水资源可持续开发利用模式和途径与传统的水资源开发利用方式有着本质的区别。传统的水资源开发利用方式是经济增长模式下的产物，而可持续的开发利用目标是要满足人类世世代代的用水需要，在保护生态环境的同时，促进经济增长和社会繁荣，而不是只单纯追求经济效益。

第三，水资源承载力的研究是针对具体的区域或流域进行的，因此区域水资源系统的组成、结构及特点对承载力有很大的影响；区域水资源承载力的大小不仅与区域水资源有关，而且与所承载的社会经济系统的组成、结构、规模有关。

第四，水资源的开发利用及社会经济发展水平受历史条件的限制，对水资源承载力的研究都是在一定的发展阶段进行的。也就是说，在"不同的时间尺度"

上，水资源和所承载的系统的外延和内涵都会有不同的发展。

第五，水资源在社会经济及生态环境各部门进行合理配置和有效利用的前提下，承载的社会经济规模。

综上所述，水资源承载力的定义可总结为：在一定的技术经济水平和社会生产条件下，遵循可持续发展的原则，维护生态环境良性循环，在水资源合理开发、优化配置的前提下，水资源系统支撑人口和社会经济发展规模的最大容量。

二、水资源承载力的内涵

（一）时空内涵

水资源承载力具有明显的时序性和空间性。从时间角度讲，不同的时期，不同的时间尺度，社会经济发展水平不同，开发利用水资源的能力不同，水资源的外延和内涵都会有不同的发展，从而相同水资源量的利用效率不同，单位水资源量的承载力亦不同；从空间角度讲，即使在同一时期，在不同的研究区域，由于其资源禀赋、经济基础、技术水平等方面的不同，相同的资源量所能承载的人口、社会经济发展规模也必定不同。

（二）社会经济内涵

水资源承载力的社会经济内涵主要体现在人类开发水资源的经济技术能力、社会各行业的用水水平、社会对水资源优化配置以及社会用水结构等方面，水资源的优化配置本身就是一种典型的社会经济活动行为。水资源承载力最终表现为"社会与经济规模"。人是社会的主体，人及其所处的社会体系是水资源承载的对象，水资源承载力的大小是通过人口以及所对应的社会经济水平和生活水平共同体现出来的。因此，可以借助调整产业结构和提高经济技术水平等经济社会手段来进一步提高水资源承载力。

（三）持续内涵

可持续发展是水资源承载力研究的指导思想。首先，水资源承载力表示水资源持续供给社会经济体系的能力，它要求对水资源的开发利用是可持续的，社会经济发展与水资源承载力的关系应是"以供定需"的可持续开发利用理念。其次，持续的内涵还隐含着水资源承载力是随着经济技术的发展而不断增强的，并且这种增强不以追求量的增长为目的。相反，应提倡水资源需求量零增长，甚至负增长趋势下的社会经济可持续发展，提高水资源利用的效率和效益，即内涵式增长，从而达到在保护生态环境的同时，促进经济增长和社会繁荣，保证人口、资源、环境与经济的协调发展。水资源的可持续性利用是在保护子孙后代人具有同等发展权利的条件下，合理地开发、利用水资源。

总之，水资源承载力将定性和定量地反映一个地区水的数量、质量、不同时段、不同空间地点的供需协调的综合能力，同时反映社会可持续发展在水利行业的具体表现，即水资源可持续利用的代内和代际公平的基本思想，反映人口、资源、社会经济和生态环境的复合系统特点，水资源是对流域人口、资源、社会经济和生态环境总体上协调发展的支撑能力。

三、水资源承载力的特征

水资源社会经济系统是一个开放的系统，它与外界不断进行着物质、能量、信息的交换。同时，在其内部也始终存在着物质、能量的流动。随着人类科学技术的发展，人类社会经济活动的规模与强度明显加大，水资源系统与外界及水资源系统内部的物质、能量、信息的流动会更加强烈。水资源承载力具有以下几方面的特性。

（一）客观性

水资源系统是一个开放系统，它通过与外界交换物质、能量、信息，保持其结构和功能的相对稳定性，即在一定时期内，水资源系统在结构、功能方面不会发生质的变化。水资源承载力是水资源系统结构特征的反映，在水资源系统不发生本质变化的前提下，其在质和量这两种规定性方面是可以把握的。

（二）动态性

水资源承载力的动态性主要是由于系统结构发生变化而引起的。水资源系统结构变化一方面与系统自身的运动有关；另一方面，更主要的是与人类所施加的作用有关。水资源系统在结构上的变化，反映到承载力上就是水资源承载力在质和量这两种规定上的变动。水资源承载力在质的规定性上的变动表现为承载力指标体系的改变，在量的规定性上的变动表现为水资源承载力指标值大小上的改变，如水资源承载能力与具体的历史发展阶段有直接的关系，不同的发展阶段有不同的承载能力。这主要体现在两个方面：一是不同的发展阶段人类开发水资源的技术手段不同，20 世纪五六十年代人们只能开采几十米深的浅层地下水，而 90 年代技术条件允许开采几千米甚至上万米深的地下水，现在认为海水淡化费用太高，但随着技术的进步，海水淡化的成本也会随之降低；二是不同的发展阶段，人类利用水资源的技术手段不同，随着节水技术的不断进步，水的重复利用率不断提高，人们利用单位水量所生产的产品也逐渐增加。

（三）有限可控性

水资源承载力具有变动性，这种变动性在一定程度上是可以通过人类活动加以控制的。人类在掌握水资源系统运动变化规律和系统社会经济发展与可持续发展的辩证关系的基础上，根据生产和生活的实际需要，对水资源系统进行有目的的改造，从而使水资源承载力在质和量两方面朝着人类预定的目标变化。但是，人类对水资源系统所施加的作用必须有一定的限度，而不能无限制地奢求。因此，水资源系统的可控性是有限度的。

水资源承载力是可以增强的，其直接驱动力是人类社会对水资源需求的增加，在这种驱动力的驱使下，人们一方面拓宽水资源利用量的外延，如地下水的开采、雨水集流、海水淡化、污水处理回用等；另一方面利用水资源使用内涵的不断添加和丰富，增强水资源承载力，如用水结构的调整和水资源的重复利用等。需水量零增长就是在水资源量不增加的情况下，水资源承载力增强的体现。

（四）模糊性和相对极限性

模糊性是由于系统的复杂性和不确定因素的客观存在，以及人类认识的局限性，决定了水资源承载能力在具体的承载指标上存在着一定的模糊性。

相对极限性是指在某一具体历史发展阶段水资源承载能力具有最大和最高的特性，即可能的最大承载上限，其原因主要是自然条件和社会因素的约束。具体地说，包括资源条件的约束、社会经济技术水平的约束和生态环境的约束。

（五）被承载模式的多样性

被承载模式的多样性也就是社会发展模式的多样性。人类消费结构不是固定不变的，而是随着生产力的发展而变化的，尤其是在现代社会中，国与国、地区与地区之间的经贸关系弥补了一个地区生产能力的不足，使得一个地区可以不必完全依靠自己的生产能力生产自己的消费产品，它可以大力生产农产品去换取自己必需的工业产品，也可以生产工业产品去换取农业产品，因此社会发展模式不是唯一的。如何利用有限的水资源支持适合地区条件的社会发展模式则是水资源承载能力研究不可回避的决策问题。

水资源承载力的客观性说明水资源承载力是可以认识的，动态性说明了事物总是处于不断发展变化之中，有限可控性体现了水资源承载力与人的关系，相对极限性和模糊性反映了相对真理和绝对真理的辩证统一关系，而被承载模式的多样性则决定了水资源承载能力研究是一个复杂的决策问题。

第二节　水资源承载力的构成与地区特点

一、水资源承载力的构成

水资源承载力基本上由水资源量的承载力、水资源质的承载力（水环境承载力）和水害防御能力（水害的防御承载力）三个部分组成。

（一）水资源量的承载力

水资源量的承载力是指可供地区人口、生态环境、工农业生产和社会其他用水的能力。它是维持人类生存与社会发展的源泉和动力，是衡量水资源承载力的主要依据。水资源量承载力有大小之分。我国幅员辽阔，各地区自然、经济社会发展条件和现状极不平衡。比如：南方水多，人均用水量地区差别较大。长江流域水资源的承载力较大，其现时承载力和未来的承载力尚有很大的开发潜力。而北方地区，特别是西部地区水资源承载力较小。它对现时人口、环境、经济和社会发展的供应能力起着限制作用，制约着该地区社会经济的发展。

（二）水资源质的承载力

水资源质的承载力是指一定水域内所赋存的水资源的质量条件，能够维系水域生态环境的正常循环，满足人类健康的生存与发展以及经济社会发展的需要的适宜性和所具备的支撑与承受能力。一般来说，水资源质的承载力也有最大、最小之分。水资源质的最大承载力则是指在保持一定生态环境质量目标的条件下，采用无污染环境的各种措施，达到人类活动与水环境和谐状态时所具有的支持能力。例如，采用各种工艺对工业污水的处理，并按照国家有关规定排泄污水，严格控制水污染源，使人类生产活动和生态环境步入良性循环发展，最终达到水环境对人类活动的最大支持。水资源质的最小承载力是指维持水体自浮能力的条件下，保证水环境质量最低要求时，对人类活动的限制。例如，饮水水源一般设有保护区，区内禁止一切有损水质的活动。同时，水资源质最大、最小承载力之间存在一个非常重要的水资源容量承载力，它对开放利用水环境、防治水污染、管理水环境、保护水资源等方面均起着重要作用。它是支持当代持续发展必不可少的重要条件。

（三）水害的防御承载力

水害的防御承载力是指在一定区域内，根据其自然、经济、社会条件，为保护和支持区内人民正常生活以及经济社会顺利发展，依照社会所设立的防灾目标，采用工程和非工程相结合的措施所形成的防备与抵御水害的体系及其能力。水害一般包括洪、涝、旱等与水有关的自然灾害，其中洪水灾害产生的破坏性最大。

水害的防御承载力也有大小之分。灾害防御的最小承载力是指在天然状态下，即无人工防御措施时，对人类活动的支撑与承受能力。这种情况有可能在某个风调雨顺的时间内或遭受灾损失不大的地方出现。水害防御的最大承载力是指采取各种措施以防止水害的发生，从而能够使区域社会不受限制进行发展的能力，但只是一种理想的境界，实际上是很难达到的。因为水情的不确定性和投入防御措施的经济性，使人无意追求设立理想防御能力的最大标准，一般只求能够达到与地区经济发展相适应并能够使灾害损失降到最小的防御标准即可，一旦出现特大水害则可能冲破这一防御标准下的水害防御能力。历史上我国曾是一个水患频繁发生的国家。目前我国的七大江河防洪标准偏低，严重威胁着中下游地区的发展，继续增加防御能力势在必行。要采取各种措施，减少自然灾害损失，并采取消除局部灾害损失，提高水害的防御能力，支持区域性的经济和社会的可持续发展。

二、我国水资源承载力的地区特点

水资源承载力是支持人类生存与发展的物质基础，它对一个国家或地区综合发展规模的形成至关重要，特别是水资源数量、质量和水害的防御承载力，对地区持续发展的支持作用具有深远的意义。但是，我国地域辽阔，天然水资源分布不均匀，水资源承载力在不同地区存在着一定的差异，具体呈现出不同的特点。

（一）水资源丰富区

人均占水量大于 2 000 m³，开发利用率在 15% 左右的地区，就是水资源丰富区。我国的长江流域以南、华南和西南等地区，人均占有水量在 2 000 m³ 以上，水资源开发利用率在 17% 左右，按照国际标准应属于丰富区。在水资源丰富区域内，水资源量、质和水害防御能力，对经济和社会发展不会构成地区性的"瓶颈"，并有利于社会可持续发展。但是，随着我国经济社会的不断发展，工业污染对水资源环境的破坏日趋严重，超量开采地下水、水资源的严重浪费等现象也相继发生。特别是近几年来，个别地区，未足够注重兴修水利，有的水利工程多年失修，防害能力减弱。因此可见，提高水资源质、水资源量和水害防御能力是富水区人民面临的重要任务，还应针对水资源丰富区的特点，制定出相应的防治和保护措施。如采取退耕还林、退耕还草、搞好污水净化等切实可行的措施，防止水资源污染、保护生态环境，以提高水资源的承载力，造福子孙后代。

（二）水资源脆弱区

依据人均占有水量在 1 000~2 000 m³，水资源开发利用率在 15%~25% 之间的国际标准来划分，我国东北的吉林和黑龙江等地区属于水资源脆弱区。这种类型区域的人均占有水量为 1 716 m³，开发利用率为 19%。随着地区经济和社会发展，工业和农业用水量日趋增加，对水资源的开发和保护显得更为重要。如果只顾眼前利益，对水资源开发管理没有战略眼光，水资源脆弱区则可能变为水资源紧缺区。

（三）水资源紧缺区

按照国际标准，人均占有水量 500~1 000 m³，开发利用程度在 25%~50% 之间的地区，属于水资源紧缺区。我国长江以北的黄河、淮河及辽河流域的周边地区，或华北地域属于水资源紧缺区。目前华北地域水资源数量、质量和水灾害的防御能力，对地区社会经济发展的支撑能力均感紧张。这个地区内天然水资源量少，人口稠密，工农业用水量大，工业废水排放超标。淮河、运河等河流水污染较为严重，生态环境恶化，干旱少雨，黄河断流现象越来越严重。地面、地下水开发过度，致使地下水位下降，形成大面积的漏斗区。洪涝和干草灾害频繁发生，河流、耕地以及城市的防汛和抗旱能力低，这类地区水资源量、质的承载力和灾害防御能力制约着当地社会经济持续发展。因此，该地区的发展规划必须考虑水资源供需条件和适应情况，要因地制宜、统筹规划，采取兴修水利，搞好水利工程建设，治理河流污染，进行区内引水和调剂余缺，充分、合理利用当地水资源，同时还应大力开展节水活动，加快建立节水型社会的进程，以增强水资源的承载力，减少水量不足对社会发展的影响。

（四）水资源贫乏区

人均占有水量小于 $500\,m^3$，水资源开发利用率大于 50% 的地区属于贫水区。我国的西北地区属于这一类型的地区，西北地区占我国土地面积的 50% 左右，它属于干旱和半干旱地区，每年降水量很小，且蒸发很大。区内人口少，耕地少，自然条件复杂，气候多变，水环境受自然条件影响较大，虽然有部分融雪和冰川但却难以利用，天然绿洲和湖泊逐渐消失，生态环境退化、沙化等现象较为严重。区域内土地干旱，农业耗水量较大，用水量和水资源开发率很高，这类地区的水资源承载力极弱。在这类型地区内，除了要开展节水以外，更需要引水济贫。同时，加强防旱，提高防旱能力，都是支持可持续发展的重要条件。贫水区有先天性的水资源不足和缺水障碍，地区发展的前景势必要受到水资源的约束。

第三节　水资源承载力与可持续发展

一、可持续发展理论

可持续发展强调三个主题：代际公平、区际公平以及社会经济发展与人口、资源、环境间的协调性。在可持续发展理论的指导下，资源的可持续利用，人与环境的协调发展取代了以前片面追求经济增长的发展观念。可持续发展是一种关于自然界和人类社会发展的哲学观，可作为水资源承载力研究的指导思想和理论基础，而水资源承载力研究则是可持续发展理论在水资源管理领域的具体体现和应用。

（一）可持续发展理论的提出

可持续发展是在全球面临经济、社会、环境三大问题的情况下，人类对自身的生产、生活行为的反思以及对现实与未来的忧患的觉醒而提出的全新的人类发展观，它的产生有其深刻的历史背景和迫切的现实需要。20 世纪中期以来，随着科学技术突飞猛进的发展，人类已经生活在一个大变革、大动荡的世界里。由于人口的急剧增长，导致了人口与经济、人口与资源矛盾的日益突出。人类为了满足自身的需求，在缺乏有效的保护措施的情况下，大量地开采和使用自然资源，使资源耗竭严重、生态环境恶化，威胁了人类的生存和发展。面对着人口、资源和环境等人类发展历史上前所未有的世界性问题，谋求人与自然和谐相处、协调发展的新的发展模式成为当务之急，可持续发展思想形成有其必然性。

可持续发展理论的形成经历了相当长的历史过程。20 世纪五六十年代，人们在经济增长、城市化、人口、资源等所形成的环境压力下，对经济增长等于发展的模式产生怀疑。1962 年，美国女生物学家卡逊发表了著作《寂静的春天》，首次把农药污染的危害展示在世人面前，"惊呼人们将会失去春光明媚的春天"，在世界范围内引发了人类关于发展观念上的反思。10 年后，两位著名美国学者沃德和杜博斯的享誉世界的《只有一个地球》问世，把人类生存与环境的认识推向一个新境界。同年，一个非正式国际著名学术团体——罗马俱乐部发表了有名的研究报告《增长的极限》，明确提出"持续增长"和"合理的持久的均衡发展"的概念。1987 年秋季的联合国第 42 届大会上，世界与环境发展委员会发表了一份报告《我们共同的未来》，正式提出可持续发展概念，并以此为主题对人类共同关心的环境与发展问题进行了全面论述，受到世界各国政府组织和舆论的极大重视，从而使《我们共同的未来》成为奠定可持续发展思想的基础报告。1992年 6 月在巴西里约热内卢举行的联合国环境与发展大会上通过了《里约宣言》《21世纪议程》等 5 项文件和条约，标志着可持续发展思想被世界上大多数国家和组织承认并接受，也标志着可持续发展从理论开始付诸实施，从此，拉开了一个新的人类发展时代的序幕。执行《21世纪议程》，不但将促使各个国家走上可持续发展的道路，还将是各国加强国际合作，促进经济发展和保护全球环境的新开端。

巴西联合国环境与发展大会以后，世界各国都开始根据各自的国情制定相应的战略，中国政府于1994年3月制定并通过了《中国21世纪议程——中国21世纪人口、环境与发展白皮书》（以下简称《中国21世纪议程》），以此作为中国今后发展的总体战略文件来指导全社会可持续发展的进程。我国21世纪议程的战略目标确定为"建立可持续发展的经济体系、社会体系和保持与之相适应的可持续利用资源和环境基础"。

总之，可持续发展理论是在资源环境问题日益严重的背景下产生的。

（二）可持续发展的原则及内涵

1.可持续发展的原则

（1）可持续发展的公平性原则

所谓的公平性是指选择机会的平等性。这里的公平具有两方面的含义。一方面是指代际公平性，即世代之间的纵向公平性；另一方面是指同代人之间的横向公平性。可持续发展不仅要实现当代人之间的公平，而且也要实现当代人与未来各代人之间的公平。这是可持续发展与传统发展模式的根本区别之一。公平性在传统发展模式中没有得到足够重视。从伦理上讲，未来各代人应与当代人有同样的权力来提出他们对资源与环境的需求。可持续发展要求当代人在考虑自己需求与消费的同时，也要对未来各代人的需求与消费负责任。因为同后代人相比，当代人在资源开发和利用方面处于一种无竞争的主宰地位。各代人之间的公平要求任何一代都不能处于支配的地位，即各代人都应有同样选择的机会空间。

（2）可持续发展的可持续性原则

这里的可持续性是指生态系统受到某种干扰时能保持其生产率的能力。资源环境是人类生存与发展的基础和条件，离开了资源环境就无从谈起人类的生存与发展。资源的持续利用和生态系统的可持续性的保持是人类社会可持续发展的首要条件。可持续发展要求人们根据可持续性的条件调整自己的生活方式，在生态可能的范围内确定自己的消耗标准。可持续性原则从某一个侧面反映了可持续发展的公平性原则。

（3）可持续发展的和谐性原则

可持续发展不仅强调公平性，同时也要求具有和谐性，正如《我们共同的未来》报告中所指出的，"从广义上说，可持续发展战略就是要促进人类之间及人类与自然之间的和谐，如果每个人在考虑和安排自己的行动时，都能考虑到这一行动对其他人（包括后代人）及生态环境的影响，并能真诚地按'和谐共胜'原则行事，那么人类与自然之间就能保持一种互惠共生的关系，也只有这样，可持续发展才能实现"。

（4）可持续发展的需求性原则

传统发展模式以传统经济学为支柱，所追求的目标是经济的增长，它忽视了资源的有限性，立足于市场而发展生产。这种发展模式不仅使世界资源环境承受的压力不断增加，而且人类所需要的一些基本物质仍然不能得到满足。而可持续发展则坚持公平性和长期的可持续性，则立足于人的需求而发展人，强调人的需求而不是市场商品。可持续发展是要满足所有人的基本需求，向所有的人提供实现美好生活愿望的机会。

人类需求是由社会和文化条件所确定的，是主观因素和客观因素相互作用、共同决定的结果，与人的价值观和动机有关。首先，人类需求是一种系统，这一系统是人类的各种需求相互联系、相互作用而形成的一个统一整体。其次，人类需求是一个动态变化过程，在不同时期和不同文化阶段，旧的需求系统将不断地被新的需求系统所代替。

（5）可持续发展的高效性原则

可持续发展的公平性原则、可持续性原则、和谐性原则和需求性原则实际上已经隐含了高效性原则。事实上，前四项原则已经构成了可持续发展高效性的基础。不同于传统经济学，这里的高效性不仅根据其经济生产率来衡量，更重要的是要根据人们的基本需求得到满足的程度来衡量，是人类整体发展的综合和总体的高效。

（6）可持续发展的阶跃性原则

可持续发展是以满足当代人和未来各代人的需求为目标的，而随着时间的推移和社会的不断发展，人类的需求内容和层次将不断增加和提升，所以可持续发展本身隐含着不断地从较低层次向较高层次的阶跃性过程。

2.可持续发展的内涵

可持续发展是一个包含经济学、生态学、人口科学、资源科学、人文科学、系统科学在内的边缘性科学，不同的研究者从不同的角度形成不同的定义。这些定义虽然从不同角度对可持续发展的概念与内涵做进一步的补充与扩展，但本质上基本一致，都趋同于世界环境与发展委员会（WCED）在《我们共同的未来》报告中诠释的定义，即可持续发展的定义为：能满足当代的需要，同时不损及未来世代满足其需要之发展。这一定义既体现了可持续发展的根本思想，又消除了不同学科间的分歧，故得到了广泛的认同。可持续发展的内涵包括以下几个方面。

第一，可持续发展要以保护自然资源和生态环境为基础，与资源、环境的承载力相协调。可持续发展认为发展与环境是一个有机整体，把环境保护作为人类社会最基本的追求目标之一，也是衡量发展质量、发展水平和发展程度的客观标准之一。

第二，经济发展是实现可持续的条件。可持续发展鼓励经济增长，但要求在实现经济增长的方式上，放弃传统的高消耗－高污染－高增长的粗放型方式，追求经济增长的质量，提高经济效益。同时，要实施清洁生产，尽可能地减少对环境的污染。

第三，可持续发展要以改善和提高人类生活质量为目标，与社会进步相适应。世界各国发展的阶段不同、目标不同，但它们的发展内涵均应包括改善人类的生活质量。

第四，可持续发展承认并要求体现出环境资源的价值。环境资源的价值不仅体现为环境对经济系统的支撑，而且还体现在环境对生命支撑系统不可缺少的存在价值上。

（三）可持续发展理论的主要内容

1.发展是可持续发展的核心

之所以说发展是可持续发展的核心和前提，是因为可持续发展能够能动地调控自然－社会－经济复合系统，使人类在不超越环境承载力的条件下发展经济，保持资源承载力和提高生产质量。发展不限于增长，持续不是停滞，持续依赖发展，发展才能持续。贫困与落后是造成资源与环境破坏的基本原因，是不可持续的。只有发展经济，采用先进的生产设备和工艺，降低能耗、成本，提高经济效益，增强经济实力，才有可能消除贫困；提高科学技术水平，为防治环境污染提供必要的资金和设备，才能为改善环境质量提供保障。因此，没有经济的发展和科学技术的进步，环境保护也就失去了物质基础。经济发展是保护生态系统和环境的前提条件。只有强大的物质基础和技术的支撑，才能使环境保护和经济发展持续协调地发展，所以在发展中实现持续，对于发展中的我国更当如此。

2. 全人类的共同努力是实现可持续发展的关键

人类共同居住在一个地球上，全人类是一个相互联系、相互依存的整体，没有哪一个国家能脱离世界市场，而达到全部自给自足。当前世界上的许多资源与环境问题已超越国家和地区界限，并为全球所关注。要达到全球的持续发展需要全人类的共同努力，必须建立起巩固的国际秩序和合作关系，对于发展中国家来说，发展经济、消除贫困是当前的首要任务，国际社会应该给予帮助和支持。保护环境、珍惜资源是全人类的共同任务，经济发达的国家负有更大的责任。对于全球的公物，如大气、海洋和其他生态系统要在统一目标的前提下进行管理。

3. 公平性是实现可持续发展的尺度

可持续发展主张人与人之间、国家与国家之间的关系应该互相尊重、互相平等。一个社会或团体的发展不应以牺牲另一个社会或团体的利益为代价。可持续发展的公平思想包含如下三个方面。

（1）当代人之间的公平

两极分化的世界是不可能实现可持续发展的，因此水资源承载力与可持续发展要给世界以公平的分配和公平的发展权，把消除贫困作为可持续发展过程中特别优先考虑的问题。

（2）代与代之间的公平

因为资源是有限的，要给世世代代人以公平利用自然资源的权力，不能因为当代人的发展与需求而损害子孙后代满足其需要的条件。

（3）有限资源的公平分配

各国拥有开发本国自然资源的主权，同时负有不使其自身活动危害其他地区的义务。部分国家在利用地球资源上占有明显的优势，这种由来已久的优势，对发展中国家的发展长期起着抑制作用，这种局面必须尽快转变。

4. 社会的广泛参与是可持续发展实现的保证

可持续发展作为一种思想、观念和一个行动纲领，指导产生了全球发展的指令性文件《21世纪议程》。中国根据《21世纪议程》制定了《中国21世纪议程》，从此作为中国可持续发展总体战略、计划和对策方案。《中国21世纪议程》是全民参与的计划，在实施过程中，要特别注意与部门和地方结合，充分发挥各级政府的积极性。在当前由计划经济向社会主义市场经济转变过程中，使管理者在决策过程中自觉地把可持续发展思想与环境、发展紧密结合起来，并通过他们不断向人民群众灌输可持续发展思想和组织实施《中国21世纪议程》。社会发展工作主要依靠广大群众和群众组织来完成，要充分了解群众意见和要求，动员广大群众参与到可持续发展工作的全过程中来。

5. 生态文明是实现可持续发展的目标

如果说农业文明为人类生产了粮食，工业文明为人类创造了财富，那么生态文明将为人类建设一个美好的环境。也就是说，生态文明主张人与自然和谐共生，人类不能超越生态系统的承载能力，不能损害支持地球生命的自然系统。中国现代化建设是以经济建设为中心的，但必须以生态文明为取向，在生态文明意义上解放生产力和发展生产力。解放生产力就是要推行体制创新，发展生产力就是要大力推进科学技术进步，尤其是新能源开发和环境保护技术的进步。

6. 可持续发展的实施以适宜的政策和法律体系为条件

可持续发展的实施强调"综合决策"和"公众参与"。需要改变过去各个部门封闭地、分隔地分别制定和实施经济、社会、环境的综合考虑，结合全面的信息、科学的原则来制定政策并予以实施。可持续发展的原则要纳入经济发展、人口、环境、资源、社会保障等各项立法及重大决策之中。

总之，可持续发展理论的内涵十分丰富，涉及社会、经济、人口、资源、环境、科技、教育等诸多方面，其实质是要处理好人口、资源、环境与经济协调发展关系；根本目的是满足人类日益增长的物质和文化生活的需求，不断提高人类的生活水平；核心问题是有效管理好自然资源，为经济发展提供持续的支撑力。

（四）水资源可持续利用的理论基础

水资源可持续利用必须不仅考虑当代，而且要将后代纳入考虑的范畴，从长远考虑，与人口、资源、环境和经济密切协调起来，相互促进，实现整体、协调、优化与高效的水资源可持续利用。

1. 水资源与人口的关系

虽然世界各国的用水量相差悬殊，但从全球看，全世界的用水总量和人口的增长有十分密切的关系。因此，从人口的增长和人均占有水资源的变化，可以大致看出未来水资源变化的趋势。根据国内外统计资料分析显示，人口与用水量之间呈现出很强的正相关关系，供水与人口（特别是供水年增长率与人口年增长率）有着密切的线性关系，人口增加意味着需水量的增加，而一个区域的水资源供给量相对而言是个常数，这样势必会加大水资源的供需矛盾。

此外人口的增加也意味着污水排放的增加。根据估算，在目前生活水平条件下，每人每日排放的 COD、BOD、氨氮、总磷分别为 50g、25g、2.5g、0.5g，随着生活水平的提高，还会有所增加。这说明人口的增加加重了水质的污染程度，从而加剧了水资源的供需矛盾。

根据世界卫生组织 1999 年的研究报告，世界范围内导致死亡人数最多的十大危险因素中，水量不足和水质条件差仍位居第三位。在发展中国家，由于水污染而引起的痢疾或腹泻，也在死亡原因中位列第三位。

2. 水资源与经济的关系

水资源是利用最广泛的自然资源，对于绝大多数经济活动而言，水是最重要的投入要素之一。水资源与经济的关系密不可分，是国民经济快速健康发展的"瓶颈"，所以水资源的短缺常造成巨大的经济损失。用水量和经济发展水平有一定的关系，经济水平较低的国家，对水资源的利用效率较低，用水量和经济水平呈现正的强相关，即水资源的消耗量随着经济收入的增加而增加；而当经济发展到较高的水平时，用水效率提高，水资源的消耗量不再随着经济产值的增大而增加，甚至可能随着节水技术水平的提高和经济结构的转变而呈现与经济水平负相关。总之，用水的效率和经济水平呈现正的强相关，而一个区域的水资源消耗总量不仅与经济水平有关，还与水资源人均占有量和开发利用程度、节水水平等有着极其密切的关系。

3. 水资源与环境的关系

水资源与环境的关系一方面表现在排放的污水对环境造成的污染，直接反映为水环境的恶化加剧了水资源的危机；另一方面还表现在因水资源量的缺乏和质的破坏而造成的严重的生态负效应，除了农业用水、工业用水、城市生活用水等重要基础项目外，生态环境用水正越来越成为人们注目的用水项目。

从广义上来讲，生态用水是指维持全球生态系统水分平衡所需用的水，包括水热平衡、生物平衡、水沙平衡、水盐平衡等所需用的水都是生态用水。生态用水的缺乏造成的负面效应包括：加大地下水开采力度，加剧了超采地区的地下水位下降和地沉问题，甚至影响了地下水的水质；不得不用污染水（未经处理）来灌溉，加重了对农作物的污染，从而影响了人体的健康；河道干枯，季节性甚至常年无水，一些湖泊湿地缩小或干涸，入海径流减少，使原来的水环境和水生生态系统发生了较大的变化，向恶化的方向发展；由于地下水位的下降使土壤盐碱度加剧，影响了农作物的良好生长；有的地方因为干旱缺水出现了干化和沙化，加剧了沙漠化的发展和沙尘暴的频繁产生；由于地下水超采，造成河道堤防下沉，又使风暴潮灾害加剧等。国际上许多水资源和环境专家认为，考虑到生态与环境保护和生物多样性的要求，从水资源合理配置的角度上来看，一个国家的水资源开发利用率达到或超过30%时，人类与自然的和谐关系将会遭到严重破坏，所以在高强度开发利用水资源时，一定要格外谨慎。

在社会可持续发展的历史背景下，必然延伸出人类社会构成因素的可持续发展问题，诸如土地资源可持续发展、矿产资源可持续发展、海洋资源可持续发展、森林资源可持续发展、水资源可持续发展等研究问题，社会可持续发展脱离不开这些资源的可持续发展问题，也就是说，没有这些资源的可持续发展，实现社会的可持续发展是不可能的。水资源的可持续利用是水资源在可持续发展理论的要求下，水资源既要满足当代人使用水资源的需求，又不对后代人满足水资源需要的能力构成危害。它是社会可持续发展理论在水资源领域的具体应用，是社会可持续发展的细化，也是社会可持续发展的重要组成部分，没有水资源的可持续发展就没有社会可持续发展。水资源的可持续利用与社会可持续发展是局部与整体的关系。

二、水资源与经济社会可持续发展的关系

水资源是一种宝贵的自然资源，它与经济社会可持续发展的关系就如同血液对人体生命一样重要，水资源与经济社会可持续发展有着密不可分的关系。

（一）水资源是一个国家或地域经济社会可持续发展的重要条件

人类社会的发展离不开水资源，水资源是人类生存发展的基本条件，也是社会生产力的重要因素，它既是现代化工业生产的基础，也是现代化经济活动的保障。水资源在经济社会发展中占有重要的地位，而且对经济社会的可持续发展有着非常重要的意义。

（二）水资源对工农业经济和发展起着决定性的影响作用

例如，一个国家或地区的工业发展离不开水资源，选厂址时必须考虑水资源的承载力，若在干旱和半干旱地区建设工厂，水资源就是重要的限制条件，因此，工业一般都布局在河流附近或地下水丰富的地方。随着经济的迅速发展，工业产值在不断增加，用水量也日趋加大，水资源对工业发展的影响作用就更加密切。再如，水资源对农业生产的影响尤其深刻，农业布局对水资源条件特别敏感。农作物和动物本身是自然界的一部分，它们离不开水资源。水是农业的命脉，对农业生产起着决定性的作用。

（三）水资源量的多少及其利用情况是经济社会可持续发展的主要因素

富在水、穷也在水。少雨缺水的区域经济相对落后，而丰水区域经济发展速度则较快，工农业发达。例如，我国的东南沿海地区，水资源丰富，经济发展速度较快；相反，西部干旱少雨，工农业生产较落后，水资源承载能力强弱是地区穷富的主要因素。

（四）水资源的开发利用影响着经济社会可持续发展

水资源量的多少与开发利用情况制约着经济社会的发展，但同时人们可以通过开发，对水量进行补偿，建立节水性的社会，提高水的利用率与效益，发展增强经济实力，在缺水的地区，取得富水地区的相应产量与产值。合理开发利用水资源有利于经济社会可持续发展。

（五）经济社会发展不能违反水资源规律

人类社会作为自然生态环境的一部分，离不开水资源。经济社会可持续发展唯有水资源提供了必要的物质条件才能实现。人类在开发利用水资源时，只能在水资源环境条件许可的范围内开发利用水资源。违背了自然规律，必然受到水资源规律的惩罚，并制约着经济社会的可持续发展。

三、水资源承载力与可持续发展的具体联系

20 世纪 70 年代，全球爆发了一场"停止增长还是继续发展"的争论。1987 年的《我们共同的未来》报告中正式提出可持续发展的概念，明确表达了两个基本观点：一是人类要发展，尤其是穷人要发展；二是发展有限度，不能危及后代人的发展。报告还指出，当今存在的发展危机、能源危机、环境危机都不是孤立发生的，而是传统的发展战略造成的。要解决人类面临的各种危机，只有改变传统的发展方式，实施可持续发展战略。

一个持续发展的社会，有赖于水资源持续供给的能力；有赖于其生产、生活和生态功能的协调；有赖于水资源系统的自然调节能力和社会经济的自组织、自调节能力；有赖于社会的宏观调控能力、部门之间的协调行为，以及民众的监督与参与意识。其中任何一个方面功能的削弱或增强都会影响其他方面，从而影响可持续发展进程。

承载力与可持续发展在某种意义上是相一致的，是一个事物的两个方面，可持续发展解决的核心问题是人口、资源、环境与发展问题，而承载力要解决的核心问题也是资源、环境、人口与发展问题。不同之在于考虑问题的角度不同，承载力可以说是从根本出发，根据自然资源与环境的实际承载能力，确定人口与社会经济的发展速度，而可持续发展是从一个更高的角度看问题，但终究不能脱离自然资源与环境的束缚。所以说，可持续发展是目标，人是纽带，承载力是可持续发展的基石。

第四节　我国水资源承载力规划的目标

水资源规划作为经济发展总体规划的重要组成部分和基础支撑规划，其目标就是要在国家的社会和经济发展总体目标要求下，根据自然条件和社会经济发展情势，为水资源的可持续利用与管理，制定未来水平年（或一定年限内）水资源的开发利用与管理措施，以利于人类社会的生存发展和对水的需求，促进生态环境和国土资源的保护。我国水资源综合规划的目标是"为我国水资源可持续利用和管理提供规划基础，要在进一步查清我国水资源及其开发利用现状，分析和评价水资源承载能力的基础上，根据经济社会可持续发展和生态环境保护对水资源的要求，提出水资源合理开发、优化配置、高效利用、有效保护和综合治理的总体布局及实施方案，促进我国人口、资源、环境和经济的协调发展，以水资源的可持续利用支持经济社会的可持续发展"。

水资源承载力指标对水资源规划有很重要的指示作用，水资源规划有很多目标，包括通过修建各种水利工程，调节水资源的时空分布，推进水资源充分利用，满足日益增长的社会经济用水需求。这些目标可以归结为获得经济效益、调整地区收入、促进充分就业、推动和支持经济增长、保护自然环境和恢复生态等。

不难看出，由于水资源服务功能的多目标性，水资源规划的目标也往往具有多目标性，并且随着水资源规划必须考虑的范围越来越大，涉及的系统越来越复杂，水资源规划的多目标性就越来越突出。如何综合利用水资源协调各种目标之间存在的矛盾、满足不同利用部门（也包括自然生态环境）对水的需求，成为现代水资源规划最基本的研究内容。

第十一章　水资源的可持续利用和发展

第一节　水资源管理的研究

对水资源管理的研究，国内外学者无论从理论上还是从实践上，都结合国家或者地区水资源的特点、制度以及历史经验进行论证。水资源管理已经不是一个新问题，但水资源管理的理念、管理的目标、管理制度和管理方式等都发生了相应的变化。水资源管理问题不但成为国际社会关注的焦点，也成为各国学者研究的热点问题。很多研究结果表明，伴随着水资源短缺、水环境污染等水资源危机的出现，世界一些国家在 20 世纪 60 年代就提出了相应的水资源管理措施。特别是近年来，水资源短缺日益严重，世界各国都进行了一系列的变革，建立了适应可持续发展要求的现代水资源体系，以适应本国的水资源状况。突出表现在实现了供求管理向需求管理的转变，强调水资源统一管理的地位和作用。1992 年 6 月联合国召开的环境与发展大会上，提出了应该由国家组织实施的水资源管理的具体措施，通过需求管理、价格机制等调控手段实现水资源的合理配置以及加强水资源管理理念的传播和教育等 16 项具体措施。水资源危机的一个主要问题是水资源管理问题。为了解决水资源危机问题，联合国与各国政府共同对地区水资源管理活动进行相关研究，并为这些活动提供指导和必要的技术支持。世界各国结合自己的实践建立了相应的水资源管理体系。

1996 年，联合国教育、科学及文化组织国际水文计划工作组将"可持续水资源管理"定义为"支撑从现在到未来社会及其福利要求，而不破坏他们赖以生存的水文循环及生态系统完整性的水的管理和使用"。Dixon Fallon 在《当代水资源管理发展概况》一书中提出：水资源管理是保证一个特定的水资源系统所能满足目前和将来目标的服务价值。世界银行将水资源管理定义为一系列水资源相关领域一体化管理。2000 年，国际水文科学学会在美国召开了"水资源综合管理研讨会"，与会专家学者达成共识：流域统一管理是未来水资源管理的基本原则，其基本框架是政府和社区公众的共同管理。随着对现代水资源管理的研究与讨论，有关水资源管理的论著越来越多。Miguel A.Marinoetal 在其 2001 年出版的《水资源综合管理》一书提出，从 20 世纪 80 年代开始，人类从事水资源管理活动的目标和内容发生了根本性变化，需要与之相适应的水资源管理体系，关键在于如何寻求实现水资源长期可持续利用的管理方式。为此，他们提出了体制改革和制度创新将是水资源管理活动改革的一个重要方面。

　　根据水资源的自然特性，可以把流域作为水资源管理的单元来解决水资源利用过程中的相关问题。流域管理可以有效地处理上下游之间、左右岸之间在水资源利用中的冲突。流域管理应该包括：一个流域管理规划包括水的使用价值以及影响水流和水质的用途；关于流域水文系统的信息；分析模型可以表达流域开发以及特定使用价值带来的影响；流域管理的目标；所有相关的调整机构的参与；确定目标与管理决策时允许公共参与。基于流域单元的水资源管理要求不同层面的行政管理机构共同协作，同时也要求跨行政区域之间的合作。世界自然基金会在《河流管理创新理念与案例》一书中，展示了在流域综合管理方面的成功案例，总结了在这个领域取得的十一条重要经验。虽然世界各国水资源管理制度有所不同，但其变迁过程表现出相同的特征：一是水资源管理法律法规体系的健全，例如，美国、加拿大从水资源管理到水资源开发，从规划到勘测设计，从建设、施工到工程管理，都受到相应的专业法规的约束，又受到法律的保护；二是充分运用市场机制在水资源管理、节约和保护中的配置作用，例如，美国加州地下水权交易市场、澳大利亚墨累达令水权市场；三是水资源管理政策的变迁性，例如，美国、法国、澳大利亚等国根据本国水资源供求的变化，水资源管理由保证供给逐渐转向供给、保护协调发展，充分利用了水价制度在水资源管理中的作用；四是公共参与水资源管理的例力度加大，例如，在美国和法国，社会公众、用水户参与水资源开发、利用和管理是受法律保护的。国内学者对水资源管理问题，也从不同角度进行了研究。

一、水资源管理的内涵与内容的研究

关于水资源管理的内涵，并没有一个确切统一的定义，不同领域的专家所关注的重点是不同的。陈家琦等认为，水资源管理就是综合运用行政、法律、经济、技术等手段，对水资源开发利用的组织、协调、监督和调度。姜文来认为，水资源管理就是为了满足人类水资源需求及维护良好的生态环境所采取的一系列措施的总和；任鸿遵认为水资源管理就是利用法律、行政、政策、技术、经济和教育等手段，对水资源的开发、利用和调配进行组织、监督和控制。孙广生等从水资源开发利用的进程着手，根据水资源评价、分配、开发、供水利用和保护五个环节，提出将水资源管理分为宏观管理、中观管理和微观管理三个层面。沈大军根据人类对水资源开发利用过程所形成的人与水以及人与人之间的关系，把水资源管理界定为两个方面：一是资源管理和环境管理，处理人与水之间形成的关系，解决取水和排水问题；二是服务管理，解决取水和排水之间形成的人与人之间的关系。贺伟程认为，水资源管理是为了保持水资源的良性循环和长期开发利用，满足社会各部门用水需求的增长，运用行政、法律、经济、技术和教育手段，对水资源进行全面的管理。冯尚友、杨志峰、左其亭等认为，水资源管理是为了支持实现可持续发展战略目标，在水资源及水环境的开发、治理、保护、利用过程中，所进行的统筹规划、政策指导、组织实施、协调控制、监督检查等一系列规范性活动。王浩在《中国可持续发展总纲第 4 卷——中国水资源与可持续发展》一书中，对中国水资源特点及其开发利用、中国主要水问题及其治理对策、中国水资源管理与体制机制创新、中国水利科技发展与创新、中国节水型社会建设及其发展目标、中国水资源配置总体思路与格局、新时期治水思路与水资源可持续发展战略等各个方面都进行了系统的分析和深入的探讨。

二、水资源管理体制层面的研究

中国水资源管理部门分散，"九龙"管水现象严重，一方面造成了水资源管理的"洼地"，另一方面造成水资源管理功能的严重重叠。为此，一些学者从优化水资源管理的体制角度对管理体制改革的有关问题进行了研究。齐佳音、林洪学、于琪等认为，现代水资源管理体制应实行水务一体化管理体制，水资源管理应该由一个部门代表政府统一管理。夏青从满足人类需要和水环境协调发展角度，提出了基于协调用水需求和环境需要的水资源管理框架。刘文强、张雪松、张林祥、刘玉龙等通过对区域水资源管理体制的研究，提出了建立流域管理和行政区域相结合的管理体制重点在于加强流域管理。

三、水资源管理制度层面的研究

计划经济时代，中国采取行政手段进行水资源管理。从水资源供给角度看，形成了政府单一投资的水资源供给体制，用水户参与权力小，缺乏维护的激励，政府单一供给制度的缺陷明显凸现出来。王金霞等在总结中国水利改革的实践经验基础上，提出了水资源管理需要用水户的广泛参与，其管理权限应有针对性的下放；陈雷、胡继连、张汉松等提出，小型水利设施的投资、运行权应由受益农户享有；胡鞍钢、杨国华、李五勤等对运用市场机制配置水资源进行了广泛的理论探讨，提出了对水资源的配置采用"准市场"和政治民主协商机制；胡鞍钢、胡继连、葛颜祥等在上述研究的基础上，提出了构建中国水资源分配市场和水权交易市场；葛颜祥提出运用期权机制配置农用水资源，并建立水权交易市场，以实现水资源效益最大化，由于需求目的不同，应建立不同的分配模式。

四、水资源管理的经济层面的研究

经济手段是调节水资源利用的有效手段，很多学者从经济学层面对水资源管理问题进行了研究并提出了相应的手段。针对中国长期实行的低价供水政策造成用水效率低下的问题，许多学者认为必须改革现有水价制度，充分运用价格杠杆调节水资源供求。在水价制定中，选取有利于激励节水的水价制定方法。姜文来提出采取边际成本定价法。胡继连、王丽杰等认为，实行两部制水价、累进水价制度。冯尚友、姜文来提出，为实现水资源的有效利用，体现水源地优先权，应建立水价补偿机制。

五、水资源管理的权属层面的研究

在中国，水权的界定还没有统一的标准。姜文来认为，水权是指水资源稀缺条件下，人们有关水资源权利的总和（包括自己或他人受益或受损的权利），其最终归结为水资源的所有权、经营权和使用权；黄河、王丽霞认为，在中国和水资源属于国家所有的其他一些国家中，水权主要指依法对于地表水、地下水所取得的使用权及相关的转让权、收益权等；贺骥认为，在一些存在水权制度的国家，水权是指水资源的使用、收益权，它区别于水资源所有权，它的获得或者依照法律的规定，或者通过双方当事人的交易来实现；汪恕诚认为，水权是水资源的所有权和使用权。中国的水权市场的建设基本上还停留在理论探讨阶段。关于水权市场对于水资源优化配置的作用，在理论层面上清晰而又明确，国内学者讨论的较多。至于水权市场建设，只是针对某个具体的流域水权市场构建提出了思路。刘文强对塔里木河流域的水权市场的建设提出了思路；葛颜祥、胡继连对黄河流域的水权市场建设提出了构想。

六、水资源管理的流域层面的研究

刘振胜认为，长江流域管理新体制需要包括如下内容：一是流域统一管理更具权威性；二是管理的内容应涉及水资源的各个领域，流域管理内容更为广泛；三是流域管理机构与行政区域间的事权划分明确，且能有机结合；四是区域管理应服从流域管理，行业的专业管理应服从流域的综合管理；五是流域管理机构应该成为流域管理和开发治理的主体，代表国家对流域内的水资源骨干开发项目实施全过程的控制。陈著等将中国流域水资源管理中各利益主体的关系分为区域与区域之间、流域与区域之间两个层次，并将区域的行为选择简化为独自和协同两种水利用形态，将流域的行为选择简化为干预和放任两种形态。在此基础上，构建了流域在放任和干预下的区域、区域之间的博弈以及流域与区域之间的博弈这三个模型。雷玉桃认为，目前，中国流域水资源管理中存在着流域机构权力缺乏、地方保护主义严重、流域管理信息采集难度大、流域规划监督无力等一系列问题，为此，需要实现流域水资源管理的几个转变：水资源管理的主导类型由供给型转向需求型，管理手段由单一型转向复合型，管理目标由工程目标转向综合目标，管理模式由分割管理转向流域管理。陈著等对中国现行流域管理体制与管理机构进行分析，总结了所存在的问题，提出了适合中国国情的综合性流域管理模式，构建了"三位异体（决策、执行、监督）"的综合性流域管理机构。他们认为，综合性流域模式的构建采用实施的策略：第一阶段在现有法律与组织框架中补充完善，解决一些急迫的问题；第二阶段在现有体制基础上，增加部门与区域的沟通与协调平台，实现水资源的统一管理；第三阶段构建管理模式，实现流域的综合管理。陈宜瑜等在系统分析了中国流域管理的现状、存在问题及原因、流域综合管理相关项目进展的基础上，提出了推进流域综合管理的概念框架与政策建议。

七、区域与产业水资源管理层面的研究

于法稳对水资源的开发利用与农业可持续发展问题进行了研究，提出了实现水资源可持续利用的生态经济对策；李曦对西北地区农业水资源可持续利用的对策进行了研究，提出了农业用水价格、水资源管理体制等方面的对策；李周等对化解西北地区水资源短缺问题进行了研究。他们认为，西北地区存在着水资源短缺的问题，但不存在严重浪费水资源的现象，最近 20 年的水需求主要依靠水资源利用效率的提高；同时他们还认为，政府宏观调控和市场机制有不同的作用层面。

第二节　水资源可持续利用

一、水资源可持续利用的内涵

水资源可持续利用是指水资源开发利用必须从长远考虑，要求实施开发后，不仅效益显著，而且不至于引起不能接受的社会和环境问题。从用水量来讲，持续利用是指从水库和其他水源引用的水不能多于、快于通过自然的水循环所能补充的数量和速度；从水质来讲，一定要满足用户的要求，不能低质高用，也不能以量代质，当然更不能高质低用。当前在全球范围内均不同程度地面临着水资源可持续利用问题。为了合理利用和保护有限的水资源，使社会经济持续不断地发展，不仅迫切需要寻求水资源，并对其加以综合开发和有效利用，而且还要制定、实施水资源可持续利用战略。

水资源可持续利用的基本内涵是在维持和保护生态环境的基础上，逐步提高水资源对社会经济发展的支持和承载能力。水资源可持续利用是保障社会经济可

持续发展的物质基础，它强调水资源在代内、代际间配置的公平性，满足其共同需要。它以生态持续性为前提，保护水资源，防止水环境污染与破坏；以经济持续性为中心，提高水资源的利用效率和效益，增加收入；以社会持续性为目标，推动人类文明进步。

（一）水资源可持续利用的原则

1992 年，都柏林国际水与环境会议上提出的水资源开发和管理中最重要的原则之一，就是要采取一定的原则措施发展人类社会和经济，保护人类赖以生存的自然生态系统。为此，必须在开发利用水资源的过程中，注意水在自然界的全部循环过程和因水的开发利用而对这个过程的干扰。同时，要清楚地认识到时间尺度在持续开发中是个非常关键的因素。因此，必须对当前的开发决策对未来造成的影响进行敏感性分析。在上述原则下，要实现水资源的可持续利用，应遵循以下几个具体原则。

1.生物、工程措施一体化原则

在修建水利工程设施的同时，要在其周围和上游地区植树造林，充分发挥森林植被涵养水源、保持水土，调节地表径流等方面的特有功能与作用，一方面增加水资源存量，另一方面加强水利设施的安全保障。

2.开源节流和科学用水原则

水资源短缺已成为全球性问题，面对日益严重的局面，应在积极开发新水源的同时节约用水，树立全民节水意识，提高水的利用率，建立一个节水型的社会经济体系。中国农业用水由于工程不配套，管理不健全，浪费惊人，因而也具有巨大的节水潜力；工业节水在提高水的循环利用和重复利用率方面，也具有较大潜力。为此，要采用先进的科学技术和管理机制，推动节约用水、科学用水。

3.流域开发的整体性原则

水资源既是一种多用性资源，又是一种共享性资源，同一流域各用户之间存在直接的利害关系。流域的水质和水量，对整个流域的开发利用形成了总的约束和限制。若缺乏统一的配置原则，往往会造成上游开发利用水资源所获得的收益，也不足以补偿下游地区因此而造成的损失。

4.遵循生态平衡原则

水资源的开发利用势必改变水资源的区位分布和水量的平衡，影响水源地的生态环境。因而，水资源的开发利用必须在其存量的阈值范围之内，以避免出现因超量开发而导致天然水资源供水能力的破坏。同时，循环经济模式的提出，为实现可持续发展提供了有效途径。对水资源可持续利用来说，通过对其一些过程进行科学管理，实现"大量生产、大量消费、大量废弃"这一传统模式的根本变革。这种模式以水资源的高效利用和循环利用为核心，以低消耗、低排放、高效率为基本特征，是遵循可持续发展理念的经济增长模式，符合循环经济的基本理念，是循环经济理论理念在水资源管理上的科学利用。

5. 建立资源成本核算原则

马克思主义政治经济学观点认为，空气、水等自然资源的形成过程不含人类劳动成果，因而就不具有价值，不必计入经济成本，可以无偿占有，无偿使用。传统的国民经济指标也未反映经济增长导致的生态破坏、环境恶化和资源损耗代价。我们认为，水资源在一定时期、一定范围内是有限的，是人类生存环境的重要元素，既是生活资料又是生产资料。应改变人们的观念，规范人们的行为，建立统一的评价目标。建立统一的资源成本核算体系，更新国民经济发展观念，在建设项目评估、经济增长统计中引入自然资源损耗、环境污染破坏等参量：收入 = 国民经济净收入 + 自然资源增加量 - 自然资源的损耗量 - 治理环境污染费用 - 尚未消除的环境损失成本。

6. 不超出区域水资源承载力原则

水圈为人类生存环境中最活跃的部分，是一个不断发生变化、不断循环的动态过程。在太阳能的驱动下，通过形态变化，海洋、陆地与大气圈三者间发生水分交换，使陆地上的水源不断得到更新和补充，起到能量输送、调节气候、维系人类生存环境的作用，从而实现水圈生态系统的动态循环。但现阶段人类社会活动已对水循环产生严重影响。人们对水资源过度消耗性使用，从河流、湖泊、地下含水层中过度抽取水资源，区域性的大型水利枢纽工程建设等，已极大地人为改变了河川径流量、陆地水体蒸腾与蒸发量，破坏了水资源系统循环，降低了水体自净能力，出现河川季节性干枯断流，河床与湖泊淤积而导致泄洪能力降低，严重破坏了人类生存环境。因此，区域性水资源承载力研究是支持水资源可持续发展的基础。

7.树立人口、资源、环境可持续发展观念

水是人类生产、生活、环境生态平衡的重要元素。通过人口、资源、环境、发展的系统分析，以人们生存、生产与发展对水资源需求为基础，兼顾人类生存环境需水，对人口、资源、环境与发展的各项用水需求进行全面、系统的诊断，判别其中可能存在的问题，并提出解决问题的方案和策略，促进人口、资源、环境可持续发展。

人类的行为影响和改变了水循环的自然过程，是造成不健康水循环问题的根本原因。因此，必须建立科学的制度，规范和限制各种社会经济活动，保护和恢复水资源的自然循环过程。以可持续发展为目标的循环经济理念为建立保护水资源自然循环的科学制度提出了崭新的理念和模式，成为通过制度创新促进水资源可持续利用的基础。

（二）水资源可持续利用的特点

水作为人类必需且不可替代的一种宝贵资源，是实现社会经济可持续发展的重要物质基础。水资源可持续利用就是在维持水的持续性和生态系统整体性的条件下，支持人口、资源、环境与经济协调发展和满足代内和代际人用水需要的全部过程。水资源可持续利用既要保证水资源开发利用的连续性和持久性，又要使水资源的开发利用尽量满足社会与经济不断发展的需求，两者必须密切配合。没有水资源的可持续利用，就谈不上社会经济的持续发展。反之，如果社会经济发展的需求得不到水资源系统的支持，则会反作用于水资源系统，影响甚至破坏水资源开发利用的可持续性。

作为可持续发展中的一个重要子系统，水资源可持续利用具有如下特点。

1.区域性

区域是一个多层次的空间系统，既有等级差异，如地市级和县级；又有类型之别，如城市和乡村、平原和山地等。对于不同的区域来说，它们的水资源条件、水资源利用效率、水资源可持续利用压力和能力差别很大。每个区域必须探索适合自己特点的水资源可持续利用模式，而不能套用同一种模式。

2.复杂性

水资源可持续利用是一个复杂的巨系统，涉及的要素有很多，要从整体观念

出发，各方协作，才能实现。人类长期利用的水是在自然界通过全球水文循环可恢复、更新的淡水，水资源可持续开发利用应限制在其恢复、更新能力以内。因此，水资源可持续利用不仅仅涉及当地的水资源条件，而且还涉及当地水资源开发利用方式、废污水处理能力、社会经济条件等多方面内容，只有将各方面内容都协调好，才有可能实现水资源可持续利用。

3. 相对性

水资源可持续利用是相对于传统发展模式而提出的一种新的发展模式，是否可持续只是相对而言，量化后的结果只是一种相对值，而不是绝对值。目前不同评价水资源可持续利用水平高低的指标体系，只能表示各水资源可持续利用水平的相对高低，而不是水资源可持续利用的绝对水平。

水资源持续开发利用的持续性基本含义是水资源开发利用既满足当代人的需要，又不对满足后代人需要的能力构成危害，集中体现在生态持续性、经济持续性和社会持续性三个方面，这是水资源生态经济社会复合系统中相互联系、密不可分的三个部分。水资源利用的生态持续性基本含义是对水资源开发利用不能超越其生态环境系统更新能力，即开发度不能超过水资源的承载能力，主要体现水资源自然特性及其开发利用程度间的平衡关系，其目的是寻求一种最佳的生态环境系统，使水资源能支持生态完整性和社会经济发展，确保人类生存环境得以持续。水资源利用的经济持续性，强调水资源开发利用能保证社会经济的良好发展，体现水资源开发利用在保持水资源的质量及其提供服务前提下，使经济发展的效益达到最佳，从而保证社会及资源的总资产连续增长。水资源利用的社会持续性核心是水资源在当代人群之间及代与代之间公平合理的分配，体现水资源可持续利用的公平性原则，它主要包括当代人群之间水资源利用公平性、代际间的利用公平性、区域水资源分配利用的公平性。

三、水资源的可持续利用和协调管理

联合国人类环境和世界水会议曾向全世界发出呼吁："水，不久将成为一项深刻的社会危机，石油危机之后的下一个危机便是水。"1992 年 6 月联合国环境与发展大会把水问题作为《21 世纪议程》的重要组成部分，引起了世界各国政府对水资源的合理开发利用和保护的普遍重视。1993 年 1 月，第 47 届联合国大会根据联合国环境与发展大会制定的《21世纪议程》，确定从1993年开始，将每年的3月22日作为"世界水日"，以凸显日益严重的缺水问题，开展广泛的宣传教育以提高公众对开发和保护水资源的认识，动员全社会来关心水、爱惜水和保护水。

（一）区域经济的可持续发展

区域是经济活动相对独立的基本单元。区域经济系统是以客观存在的经济地域为基础，按照地域分工原则建立起来的具有区域性特点的地域性经济系统。由于区域经济系统各要素之间的相互联系、相互制约，且系统不断与外界发生信息和物质交换，所以区域经济是一个开放的、复杂的、相对独立的系统。概括地说，区域经济系统具有以下特征。

1. 差异性

差异性是区域经济系统最基本、最显著的特征。因为一个区域的经济发展水平、发展速度、产业结构等，与区域内的政治、法律、经济基础、人口、科教、地理位置、资源、气候、环境等各种经济发展要素紧密相关。不同的区域，其经济发展要素总是不同的。这种差异性，实质上反映了各区域经济系统的优劣，是决定区域经济发展不平衡的一个重要因素。

2. 系统性

区域经济系统是一个相对独立的、系统内部要素具有有机联系的整体。因此，尽管不同区域的经济要素不同，但各系统都以经济发展为目的，力求合理配置资源，形成了系统的产业结构和经济发展模式。

3. 开放性

区域经济的开放性是指任何区域都存在与其他区域的信息和物质交换，不是闭关自守的。承认并利用不同区域经济系统所具有的各种经济要素和经济发展模式的差异，注重区域之间的流通与交换，不断强化区域自身输入和输出的功能，有利于不同区域经济系统扬长避短、相互补充、协调发展。

4. 权益性

任何区域经济系统的发展战略，都必须为谋求本区域经济、社会发展和提高人民生活水平为目的，具有维护自身利益、增强竞争能力的权益。

5. 社会性

任何区域的经济发展战略都必须受制于全社会整个国民经济发展战略，并为国民经济发展战略服务；任何区域都不能单独为了自身发展的需要而损害社会或其他区域的利益。一方面全社会国民经济的发展是区域经济发展的依托，为区域经济发展提供技术、经济、信息、物质等的帮助；另一方面，区域经济的发展又不能损害全社会的利益，即所谓区域的社会公益性。

区域经济的可持续发展，不单指经济发展或自然生态的保护，而且指以人为中心的自然（资源、环境、生态等）、社会（人口与教育、消费与服务、卫生与健康等）、经济（工业、农业、商业、交通、通讯、能源等）三维复合系统的可持续发展。《中国 21 世纪议程》把经济、社会、资源与环境视为不可分割的以人为中心的复合系统。

当然，认识、调控和改善复合系统是十分复杂、艰巨而漫长的过程，需要不断的实践积累和科学技术的发展。发展是第一位的。只有经济发展了，科学技术、基本建设、人口素质与教育、减灾防灾以及保护环境才能得到发展，从而提高经济持续发展的区域支撑能力。在经济高速稳定发展的同时，要注重合理的产业结构（如农业、水利、能源、交通、信息等）的增长质量，提高效益，节约资源和减少废物，发展科教，控制人口数量，改善人口结构和提高人口素质，促进清洁生产和文明消费，保护环境。从自然资源系统内部来看，它是由土地、水、生物、气候、矿产等多种天然物质系统组成的。但是从区域社会经济的角度看，它具有社会经济的特征。一方面，不同区域具有不同的天然资源结构，它决定着区域经济的特色、产业构成、经济的发展速度、资源消耗效益、资源开发利用与环境保护成本，以及与其他区域的关系等；另一方面，随着人类社会的发展，人类对资源的利用已不再是直接的、简单的、原始的方式。对资源的开发利用与保护管理构成了区域经济重要的经济子系统，如水资源系统、交通系统、矿冶系统、林业系统等等。这些子系统的发展水平、发展质量不仅影响着区域内部的经济发展，也决定着区域与外界的关系及区域的输入、输出和效益。

（二）区域水资源的合理配置与协调管理

由于水资源的短缺，使得水在时空上、用途上客观存在竞争性。而对于水资源的不同开发方式和配置又产生了不同的经济、环境和社会效果。因此，区域水资源的优化配置是区域经济可持续发展中的重要内容。

水资源优化配置泛指通过工程和非工程措施，利用系统分析决策理论方法和先进技术，统一调配水资源，改变水资源的天然时空分布，兼顾当前利益与长远利益，协调好各子区及各用水部门之间的利益矛盾；节流与开源并重、开发利用与保护治理并重、兴利与除害结合，尽可能地提高区域整体用水效率和用水效益，以促进水资源的可持续利用和区域可持续发展。

区域水资源持续利用管理应遵循下列原则。

第一，保证区域内自然、经济、社会和环境的协调发展。发展是区域经济的目的，是人类追求的最终目标。如果一味追求持续性而严重制约社会的发展，这种持续性也就失去了存在的价值。

第二，在保证社会、经济发展的前提下，应注重水资源的持续利用管理，近期利用与远期发展必须协调一致。如果只考虑眼前的利益、盲目追求高速度而对水资源超量开采利用，缺乏保护与补偿措施，最终可能会导致地下水漏斗加深、水体污染、工程老化等局面，影响经济的持续发展。

第三，效益最大原则。水资源合理配置的目的是使区域获得最大的综合效益。由于地区之间、部门之间、生产力要素之间的差异，不同的地区、部门对水的需求迫切程度以及水在其产出中的作用各不相同，导致不同的配水方式可能带来的综合效益有很大差别。水资源的配置应讲求用水效率、用水效益原则，以促进社会经济的高速发展。

第四，不同子区域、部门利益公平、责任均担原则。首先，决策者应协调配置水资源，使每个区域均衡发展，不要出现丰、缺悬殊，贫富不均，上游大水漫灌而下游干枯断流等现象；其次，对于因水资源协调而给某些地区、部门造成损失的，应予以补偿，如工业挤占农业用水，应对农业投入技术与资金，为新的开源节流途径提供补偿；另外，应实现有偿用水制度，使水资源开发利用、保护得以持续发展。

第五，社会公益性原则。任何地区、部门的用水都应服从全社会的公共利益，服务于全社会的公共事业，尤其不能为了局部利益而损害社会公益，如水体污染、水土环境资源被破坏等。

区域水资源优化配置的理论基础是边际效用理论。一般来说，供水效益、供水成本与供水量存在这样的关系：一是某行业的效益 Y 随配水量 Q 的增加而增加，即行业效益的边际效益大于零，但行业效益的二阶导数小于零；二是某行业的用水总成本 C 随配水量 Q 的增加而增加，即其边际效益（一阶导数）大于零，且在用水量达到一定规模后，这一增长率随用水量的增加而增加，及其二阶导数大于零。这种关系为水资源的合理配置从理论上提供了可能。首先，就某一行业而言，只有当其用水边际效益与边际成本相等时，这种平衡状态就是最优分配；其次，对多个行业的水资源分配来说，若它们的边际净收益相等，这种平衡状态就是水资源的最优分配方案。

（三）区域水资源协调管理模型

区域经济发展是一个复杂的大系统，其数学模型十分复杂。这一管理结构是典型的线性职能管理结构，具有如下特点。

第一，从区域经济管理最高层沿行政区域到各级子区，是传统的线性管理结构，即纵向结构。这是一种古老的、也是非常有效的管理模式。这种管理结构体现了上层控制下层，下层服从于上层的关系，沿线性追求系统的总目标最大。同一层横向子区间存在相对独立性、利益平等性关系，它们之间追求的目标、资源占用和消耗等可能是冲突的。当它们之间在资源利用、补偿和保护等方面出现矛盾时，由上层结构协调解决，以保证系统总目标的实现。

第二，从区域经济管理系统最高层到部门行业管理到各行业的最底层是典型的职能管理结构，即横向结构。这种管理结构是随着社会经济的发展、科学技术的进步带来的专业化分工引起的行业划分。在生产力不发达的人类社会早期，一切资源的管理几乎都是按行政区划管理的，其区域发展所需的交通、水利、土地、矿产等都隶属于区域的管理。但是随着生产力的发展、科学技术的进步，需要划分出专门的行业从事交通、能源、水利等有关专业性、技术性强的开发、利用、维护、保护和发展等管理工作。这种管理模式已成为当今社会管理领域普遍采用的模式。

第三，在一个经济区域中，由于线性管理模式和职能管理模式共存，使得区域内上下级的制约与服从之间、局部与整体之间等方面存在交叉关系。一方面，就某一级的子区域经济发展来说，既要有自己内部的行业管理与发展，又要受上级行业管理的制约；既要依靠自己内部的资源行业管理来促进经济发展，又要依赖于其他区域的某种资源或上级管理机构所辖行业的支持。另一方面，就某一具体的资源行业管理来说，既要保证自身的资源开发、利用、保护、补偿和经济发展，又要为区域内各级经济子区域发展提供必要的保障。

由于上述结构关系复杂，涉及的资料范围广泛，一般来说，严格、系统的直接建模求解有一定的困难。因此模型通常采用简化形式，如单纯按行政区划的线性结构；单纯按部门行业的线性结构；只研究某种资源在地区、部门间的优化配置；只研究某行业的发展，该行业与其他行业的关系用参数考虑；宏观研究各行业、地区间的线性投入产出关系等等。

鉴于水资源区域协调管理内容十分广泛，研究水资源区域协调管理的主要目的为：合理分配水资源，在保证区域水资源可持续利用的前提下，追求区域总效益最大；根据有限的水资源量，通过协调模型，平衡子区域间、部门间的利益关系，调整国民经济合理的产业结构布局；针对用水大户农业，建立种植结构优化模型；针对水文要素的随机性，分析不同水文年的水资源供需状况；通过对不同规划水平年的分析，平衡代际间利益并保证产业结构的衔接有序发展；模型应能很好地反映决策者的意图。

（四）水资源可持续利用管理

从可持续发展观出发，结合我国水资源利用的具体实践，水资源可持续利用管理的基本原则为：水资源的可持续利用既要考虑当前的发展需要，又要考虑未来发展的需要，不以牺牲后代人的利益为代价来满足当代人的利益需要；水资源的利用要在部门间、地区间得到合理分配；水资源的可持续利用要与人口、社会、经济和环境协调发展，既要达到发展经济的目的，又要保护人类赖以生存的水资源的持续利用环境。

"发展"与"可持续"是矛盾的两个方面，既相互对立又相互统一，共同存在于人类历史中。水资源可持续利用必须以经济为前提。首先，发展是人类永恒的主题，是大家共同追求的目标。如果只追求"可持续"而一味限制水资源的利用，制约社会经济的向前发展，是不符合人类社会的发展本质的。其次，只有经济得到发展，才有能力去合理利用水资源，采取有效措施保护水资源。如果经济得不到发展，甚至连人们的基本生活需要都得不到保障，人们不可能充分考虑水资源利用中的代际以及代内的公平合理，不可能自觉地去考虑本部门利用水资源对其他行业或地区造成的利益损害，更不可能自觉地在利用水资源的同时考虑对水环境的保护。例如，从分析黄河断流问题可知，越是水资源干枯的年份或时段，威胁到工农业用水或人民生活用水时，沿黄各渠首越是抢引抢蓄；越是经济不发达的地区，工程措施与管理越落后，其用水浪费越严重。

水资源承载能力的最主要的特点是客观性和主观性的统一。客观性体现在一定区域内的特定条件下，其水资源总量及其变化规律是一定的、可以把握和衡量的；主观性表现在水资源承载能力大小将因人类社会经济活动内容的不同而不同，而且人类可以通过自身行为，尤其是社会经济行为来改变水资源承载能力的大小，控制其发展变化方向。因此，实现我国的水资源可持续利用，发展是前提，管理是保证，科技是手段，三者相互渗透、相互影响，缺一不可。经济越发达，技术越先进，水利工程建设和管理水平也越高，通过提高水资源的利用率，可提高水资源的承载能力。

科学有效的管理是水资源可持续利用的重要保证。国际上公认，节水潜力的50% 在管理方面。发挥好管理的四大职能——计划、组织、协调和控制，对水资源可持续利用具有重要意义。如合理分配水资源，统筹好当前与未来、局部与全局、上游与下游、兴利与除害、利用与保护等各方面的关系；制定严密系统的水资源利用与保护法规；合理评价、设计、建设和调度水资源工程；通过设立系统、有效的水资源管理机构，协调好部门间、地区间的用水冲突与利益关系；实行计划用水；监督控制水资源的利用和保护等。

经济的投入、管理的实施其效果主要取决于科技含量的高低。科学技术在其中可以起到灵魂作用。主要表现在：准确掌握水资源的数量及其变化规律；合理分配水资源；制定水资源兴利、除害和保护规划；论证选择合理的工程方案；采用先进技术；科学调度；制定严密、系统、合理的水资源开发利用、防洪排涝、水土资源保护等法规；合理制定水价，保持水利产业的市场良性循环等。科技含量越高，水资源管理水平越高，技术越先进，一定水资源的承载能力则越大。

综上所述，水资源可持续利用管理的主要研究内容包括以下方面：一是测算可用水资源的数量，研究水资源的变化规律、水环境变化规律，为水资源合理分配、开发利用和运行调度提供可靠的基础数据；二是研究国民经济各部门的投入产出关系和部门水资源的需求量及其变化趋势，为合理安排生产力布局和分配水资源提供依据；三是分析区域水资源承载力，预测水资源与水环境的开发潜力，制定水资源可持续利用定量、定性评价指标体系，为可持续水资源管理提供科学依据；四是加强节水技术研究，以增强单位水体的承载力；五是研究以区域经济、社会、环境等协调发展为目标的水资源优化配置问题，协调好不同时段、不同地区、不同部门间的水资源利用矛盾；六是合理规划、统筹考虑除水害与兴水利、水土保持和水资源保护问题；七是准确估算水资源工程的投入－产出，研究科学的水资源建设项目评价方法；八是研究高智能、高效率、可靠性强的防洪预报、预警、调度决策系统；九是研究水资源工程的多水源、多目标兴利规划与调度；十是研究水资源系统的不确定性和水资源系统的风险影响评价及对策；十一是研究制定合理的水价体系和水资源工程基金管理机制，促进水资源管理的市场良性循环；十二是建立健全水资源管理运营机制和水资源管理法规体系。

三、水资源可持续利用战略

（一）充分认识水资源开发利用中存在的主要问题

我国水资源可持续利用中存在的主要问题：一是我国大陆受季风气候影响，雨量分布不均匀，历史上洪涝灾害频繁。当前的防洪标准仍然偏低，洪涝灾害依然存在，时常受到洪水威胁；二是水资源供需失衡，供需矛盾加剧。例如，城市缺水愈来愈严重，城市缺水不仅影响工业经济发展，而且也影响社会安定；三是水环境日趋恶化，水体污染严重；四是用水浪费现象严重；五是水利建设滞后。上述问题的存在严重影响着水资源的合理利用。

（二）我国水资源可持续利用战略

将环境成本、经济成本和社会成本及效益整合到水资源可持续利用的决策中。环境效益和经济效益源于水资源的持续利用，这其中包括供水的可靠度和保证环境流量的要求。但实际上水资源可持续利用的环境效益还具有间接的社会效益，如提供更加舒适的生活环境、增加生物多样化等。因此对社会效益的认知可能使各部门、群体更好地采纳和接受水资源可持续的方式和技术。生态可持续发展原则为水资源可持续利用的成本与效益评价提供了有用的框架。生态可持续发展原则包括对子孙后代的责任、预防性原则、生态系统和生物多样性的保护、环境价值和自然资源的计量，并强调要考虑经济、环境、社会和公平性。环境、经济、社会成本和效益的有效价值需要整合到与水资源可持续利用的决策程序中，同时需要制定相应的法规和规程。

1. 制定可持续水价与建立水资源"准市场"

过去由于水价成本核算不科学、不全面，造成了水价不合理、水价偏低的现实，导致了许多供排水及污水处理企业无力偿还贷款，甚至亏损，同时还间接地导致了水资源的浪费。制定统一考虑原水、自来水、排水、污水处理回用等综合成本的科学合理水价，有利于最大限度地发挥水资源的经济效益、社会效益和环境效益。因此应逐步建立科学合理的水价格机制。

（1）合理调整供水价格

第一，完善水资源费征管机制。水资源费的征收是国家实现水资源优化配置的重要手段。要综合考虑各地区水资源状况、产业结构调整和企业承受能力等情况，严格限制对地下水的不合理开采；要将水资源费的调整与供水价格调整结合起来；要尽快制定全国性的水资源费征管办法，规范水资源费的征收和使用。

第二，逐步提高工程水价。要按照水利工程供水价格管理办法的规定，将非农业用水价格尽快调整到补偿成本、合理盈利的水平；农业用水要大力整顿水价秩序，完善水费计收机制。

第三，合理调整城市供水价格。城市供水价格是终端水价，要综合考虑上游水价、水资源费变动情况，以及供水企业正常运行和合理盈利、水质改善等因素。在对供水企业运营成本进行审核、强化供水企业成本约束的基础上，逐步建立供水企业成本参照体系，合理调整城市供水价格，促进城市供水事业和供水企业的良性发展。

第四，优先提高污水处理费征收标准。城市供水价格的调整，要优先考虑将污水处理收费标准调整到保本微利水平；暂时达不到保本微利水平的，应结合本地区污水处理设施运行成本状况，制定污水处理费最低收费标准，确保污水处理设施的正常运行。

第五，合理确定再生水价格。缺水城市要创造条件积极使用再生水，再生水的价格要以补偿成本和合理收益为原则核定，同时要结合再生水水质及用途等情况；与自来水价格保持适当差价，按自来水价格的一定比例安排，积极引导企业、洗车、市政设施及城市绿化等行业使用再生水。

（2）灵活采用多种方法进行水资源定价

第一，实行高峰负荷价。高峰季节因为所有设备都投入紧张的运行，供水的边际成本较高；而非高峰季节的边际成本较低，因为只有最有效的设备在运转。而负荷高峰的额外供水费用，主要折旧等固定成本，应集中在高峰用水期的三四个月内，这样就形成了季节差价。

第二，推行两部制水价。"两部制"水价由容量水价和计量水价构成。容量水价用于补偿水的固定资产成本，计量水价用于补偿供水的运营成本。推行两部制水价是为了保证水利工程的正常运行，规定有关用水户每年需缴纳基本水费。

第三，实施超额累进收费制。水价的提高幅度较小时，其节水功效是比较微弱的，而对生活必须用水的价格定得太低会使社会福利受到较大的损失，所以必须考虑对不同档次的用水量制定不同的价格。一般而言，收入和用水量存在正比关系，即收入越高，用水量越大。只有当水价随着用水档次的提高而提高时，才能使水价上调达到节约用水的目的。

（3）建立"准市场"

建立"准市场"，通过建立经济与市场共向体，使各地区的利益有机地结合起来，从而逐渐由冲突转向部分合作，最终走向完全合作；在此基础上，合理分配各地区间的初始水权和污染权，为随后建立各地区间的水权交易市场和污染权交易市场打下良好的基础，从而达到利用市场机制来配置水权和污染权，在不破坏水生态环境的基础上，提高水资源利用效率的目的，管理机构则对水权交易市场和污染权交易市场进行宏观调控和干预；同时，积极推进水资源水量和水质的统一管理和调度。

建立准市场的具体措施有以下几点。

第一，确立市场交易的主体。市场交易主体根据具体情况可包括各市的水资源管理局、供水公司、用水者协会及各个市县村的企事业单位、个人。

第二，确立市场交易对象。准市场交易对象是指一定质量的水权和水商品。

水权是水的使用权、转让权、经营权和收益权，水可以是径流、蓄水层或水库的一部分符合使用标准的水量，也可规定为一个时间段的用水量，经过申请、批准和缴纳水资源费后取得水权。水权按不同的用途分为生活水权交易、工业水权转让、灌区水权转让和区域水权转让。水商品是供水公司向用水者协会或者用水户售卖的水。

第三，完善蓄水和输水设施条件。目前各市均投入大量资金建设各种水利设施，只有具有良好的可以蓄水、输送水到某地方的水设施系统，这个地方的用水者才能参与水权交易。

第四，建立健全市场管理机构。为了保障以上各种形式水权转让的有序进行，需要建立相应的独立子公司买卖双方的公正的管理组织来管理水市场交易系统。这个管理组织机构不仅要负责水权交易的登记、交割和水的输送，还要为用水者提供关于水权交易、水价、可供水量等信息。在松花江流域内，各个政府机构正在逐步协商建立这样的机构，当然由于现实原因，还需要各个部门的多方努力。

第五，设立交易地点和制定市场管理规章制度。水权要顺利进行交易，必须有适当的交易地点才能完成。不同层次的水权交易应该设立不同的交易地点。为了使水权交易顺利进行，同时也为了降低水权交易成本，流域管理机构要制定《用水单位年度用水总量定额》《水资源管理条例》《水费计收使用管理办法》《水票管理办法》《水权交易管理规则》《水事协商规约》《农民用水者协会章程》等水权交易制度。根据初始水权分配结果和水资源使用状况评定节水水平，制定相关经济鼓励政策，建立节水激励制度，从非正式水市场交易入手，逐步探索和规范符合黑龙江省实际情况的水权交易制度。

（4）确定科学合理的水价

价格连接了生产和消费，是市场经济体制的核心标志。水价形成机制是促进节约用水和保护消费者利益的关键因素，也是水资源经济管理措施的核心内容。当前，我国的水价很难影响消费者的节水意识，不利于促进水资源的可持续发展。因此，通过制定科学合理的水价，使水资源价格能够更好地体现水资源紧缺状况，合理配置水资源、节水并提高用水效率、促进水资源的可持续利用。由于用水性质的多样性，使得水价形成机制具有复杂性。

水价管理在遵循价值规律和供求规律的同时，应将具有公共利益特征的用水和经济发展用水区别对待。当前，中国许多地区都在研究和探索水价形成机制，并取得了成功经验，主要是规定符合国情的水资源使用费和累进式水价确定原则。

水价是调节用水的经济杠杆，水价长期偏低和征收不全，既造成了水的浪费，又增加了供水、水利经营等单位的负担。适时、适地、适量地调整和制定水价，应按水资源质量和经济规律实行优质优价。水价的收入应在水资源费、供水成本和利润、污水处理、回用和节水技术开发等几个方面进行合理分解。根据实际情况调整其流向比例，鼓励各行各业和各个部门的节水积极性。

2. 构建节水型社会

建立节水型社会应围绕提高区域综合竞争力的目标，进一步转变观念，强化综合管理，依靠科学进步和机制创新，巩固和扩大节水型社会的创建成果，推进全社会、全行业、全覆盖、全过程的节约用水工作，发展节水型工业、农业和服务业，科学合理和高效利用水资源，全面建设节水性防污型社会，以水资源的可持续利用支持区域经济社会的可持续发展。借鉴上海市建立节水型社会采用的方针，围绕一个中心展开：节水减污，合理高效。两个手段结合运用：政府管制与市场机制结合，工程措施与非工程措施相结合。三个领域都要加强节水工作：农业节水要挖潜、工业节水要强化、生活节水要起步。节水要体现在：节水意识的提高、节水管理水平的提高、科技含量的提高、用水效率的提高。解决水资源问题必须先从人的观念入手，用商品观念和价值观念取代"天赐之水，任我所用"的观念，用"水资源危机"观念取代"取之不尽，用之不竭"的观念，要通过各种媒体，大力开展宣传，将它纳入城市精神文明建设、城市风貌建设的重要议程上去，形成人人惜水，爱水的社会风尚，人们只有把"节水"真正重视起来才能取得好的节水成果。

（1）实行计划用水、节约用水的方针

加强农业灌溉用水的管理，完善工程配套，采用渠道或管道输水等科学的灌溉制度与灌溉技术，提高农业用水的利用率。重视发展不用水或少用水的工业生产工艺，发展循环用水、一水多用和污水再生回用等技术，提高工业用水的重复利用率。在缺水地区，应限制发展耗水量大的工业和农作物种植面积，积极发展节水型的工农业。

（2）农业开发区要大力发展节水农业，控制农业面源污染

合理控制化肥施用量，积极发展集合生态农业，扩大绿色农业的种植面积，以防止和减少化肥和农药（包括农田径流）对水体的污染，禁用高毒和高残留农药，逐步降低农田退水对水体的污染。推广生态农业示范区和绿色食品、有机食品基地建设。加强流域畜禽养殖污染控制，推广畜禽养殖业粪便综合利用和处理技术，开展畜禽渔业养殖污染、面源污染的综合防治示范。结合建设社会主义新农村，指导乡镇编制农村环境综合整治规划，推进农村社区环境基础设施建设，改水、改厨、改厕，建立生活垃圾收集处理系统。禁止将工业固体废物、危险废物和城镇垃圾转移到农村。农业节水灌溉技术是进行农业节水的主要措施。农业节水灌溉是指在灌溉中消耗较少的水资源取得较高的农业经济效益、社会效益与生态环境效益的综合措施的总称。农业节水灌溉技术措施是一个综合的体系，可归纳为以下几类。水资源合理开发利用：引水、蓄水、提水以及大、中、小型蓄水工程的互补与联合运用，井渠结合地区地表水、地下水的互补与联合运用，灌溉回归水利用、劣质水利用、雨水集流和蓄水灌溉等。输水过程的节水：渠道防渗、管道输水、田间灌溉模式等。合理的、先进的灌溉制度与水量调配：降低作物棵间蒸发、避免蒸腾量、提高降雨利用率的节水高产灌溉制度以及不同水源条件下的作物优化灌溉制度，土壤墒情与渠系水量的量测、监控、预报及其自动化，渠系水量优化调配等。节水高产农业技术：耕作保墒、覆盖保墒、化学制剂保墒以及品种与种植结构的优化配置等。

（3）工业节水技术

我国是发展中国家，工业起步较晚，农业是国民经济的基础，初始水权分配向农业倾斜，农业用水占总用水量的主要部分。随着工业化与城市化进程的加快，工业的发展导致工业用水量迅速增加。当水资源成为限制性资源时，在工业用水远高于农业的情况下，必然产生农业用水转化的现象。工业节水主要的技术措施有：应用生产新技术、新工艺、新材料，降低单位用水量，提高工业用水重复利用率；积极推广冷却水循环使用技术，提高冷却水利用效率；加大工艺和设备的改造力度，进一步改造落后的工艺和设备，积极推广和引进节水型工艺和设备，在有条件的工业企业应考虑采用无水生产工艺；加强锅炉和工业水的回收和综合利用，既节能节水同时又减轻对环境的污染；提倡清洁生产技术，在工业用水过

程中尽量减少对水体的污染，对必要的洗涤用水做到就地处理，使污水不出门，污染不扩大；大力研制并积极推广节水型器具，淘汰用水量大、易漏损的用水器具，推进工业节水。

（4）城市节水与污水回用

城市化的快速发展使人口迅速增加，也使得生活用水量不断增加。工业的发展使城市水源遭受到不同程度的污染，因此，城市节水及城市污水利用问题亟待解决。目前污水资源化问题受到越来越多的关注。污水资源化既能弥补现有水资源的不足，又能有效地抑制水环境恶化。城市污水或工业废水经过适当处理后可有以下用途：再用于工业，用作直流冷却水或循环冷却水，也可作为不同用途的工艺用水；用于市政，如浇洒道路、灌溉耕地、冲洗车辆、建筑施工、冲洗厕所、市政景观（如娱乐用水的河湖）等；再用于农业，如灌溉农田、树林、牧场等；补充地下水或地表水水源等。因此，加强污水处理，控制污水水质、科学引导污水利用等，是当前污水再利用的重要工作。

（5）强化节水制度

第一，建立农业节水的制度，大力发展节水农业。要培育灌溉水市场，建立用水许可证制度和水权交易制度；第二，应重构包括工程节水、生物节水、农艺节水和管理节水等四个子系统在内的节水农业技术系统；第三，建立利于工业节水的制度，建造节水工业。

为此应做好以下的工作。首先，实行节水考核制度。对于定额以内的用水，采用较低的费率；高于配额的用水，则按分级提价的原则，收取较高的水资源税、费；为了鼓励节约用水，可允许企业对节水部分进行有偿转让，以促进节水成本低的企业率先节水，从而带动整个工业向节水方向迈进。其次，严格执行取水许可制度。再次，建立利于城市生活节约用水的制度，加强生活用水的节约管理。应使生活用水的价格合理，科学合理地反映水资源的价值，并能起到激励节水的作用。最后，利用公共媒体在全社会广泛进行节约、合理利用和保护水资源的宣传教育，使节约用水成为居民的自觉行动。

（6）工程措施与非工程措施相结合

无论是时间调配工程还是定向调配工程都是工程措施。对于非工程措施就是重点解决需水的调整与抑制所采取的各种措施。工程措施是解决供水的数量与质量的问题，工程措施与非工程措施两者必须相互结合、相互补充，最终实现水资源的优化配置。目前在一些地方，还不同程度地存在重工程措施、轻非工程措施的倾向，外在表现就是重硬件轻软件、重建设轻管理等。落实科学的发展观，就要把工程措施与非工程措施相结合，既加强工程措施的建设，又注重非工程措施的制定，逐步建立科学、合理的水价机制和水资源有偿使用制度，把法律手段、行政手段、经济手段和科技手段有机结合起来，使水资源的开发、利用、配置、节约和保护逐步走上良性循环的轨道，保证水利工程综合效益的发挥。

（7）建设节水型社会的途径

节约用水不仅可以改善供需平衡，而且有利于减少污染。节水应根据产业技术经济情况建立标准与规定，逐步建立节水型产业和节水型社会。节水应本着"谁节约，谁受益""谁浪费，谁受罚"的原则，节约用水单位可以有偿转让节约用水量的水权，缺水单位可以购买水权，国家可以根据缺水单位的节水情况予以补贴。

第一，制定流域和区域水资源规划，明晰初始水权。明晰初始水权是节水型社会建设的工作基础。初始水权是国家根据法定程序，通过水权初始化而明晰的水资源使用权。

第二，确定水资源宏观总量与微观定额两套指标体系。一套是水资源的宏观总量指标体系，用来明确各地（市）、各行业乃至各单位、各企业、各灌区的水资源使用权指标；一套是水资源的微观定额指标体系，用来规定单位产品或服务的用水量指标。

第三，综合采用法律措施、工程措施、经济措施、行政措施、科技措施，保证用水控制指标的实现。要通过调整经济和产业结构，建立与区域水资源承载能力相适应的经济结构体系；建设水资源配置和节水工程，建立与水资源优化配置相适应的水利工程体系；开展用水制度改革，建立与用水权指标控制相适应的水资源管理体系。要特别注重经济手段的运用，最重要的是制定科学合理的水价政策，"超用加价，节约有奖，转让有偿"，充分发挥价格对促进节水的杠杆作用。

第四，制定用水权交易市场规则，建立用水权交易市场，实行用水权有偿转让，实现水资源的高效配置。水权可以有偿转让：占用了他人的水权，需要付费；反之，出让水权，可得到收益。通过水权交易市场进行用水权的有偿转让，买卖双方都会考虑节水，而社会节水的积极性如被调动起来，那么水资源的使用就会流向高效率、高效益的领域。因此应引导水资源，实现以节水、高效为目标的优化配置。

第五，用水户参与管理。建设节水型社会要鼓励社会公众以各种方式广泛参与，使得相关利益者能够充分参与政策的制定和实施过程。如成立用水户协会，参与水权、水量的分配和管理，监督水价的制定。用水户协会要实行民主选举、民主决策、民主管理、民主监督，充分调动广大用水户参与水资源管理的积极性。

第六，鼓励公众参与，保护环境权益。建立环境信息共享与公开制度。环保、水利、城建等部门协作，实现水源地、污染源、流域水文资料等有关水环境信息的共享，并由各级政府及时发布信息，让公众了解流域与区域环境质量。各级政府通过设置热线电话、公众信箱、开展社会调查或环境信访等途径获得各类公众反馈信息，及时解决群众反映强烈的环境问题。公民、法人或其他组织受到水污染威胁或损害时，可通过民事诉讼提出污染补偿等要求，使合法的环境权益得到保障。

节水型社会是水资源管理的最佳模式。节水型社会指人们在生活和生产过程中，在水资源开发利用的各个环节，贯穿人们对水资源的节约和保护意识，以完备的管理体制、运行机制和法律体系为保障，在政府、用水单位和公众的参与下，通过法律、行政、经济、技术和工程等措施，结合社会经济结构的调整，实现全社会用水在生产和消费上的高效合理，保持区域经济社会的可持续发展。节水型社会是水资源集约高效利用、经济社会快速发展、人与自然和谐相处的社会。建设节水型社会的核心是正确处理人和水的关系，通过水资源的高效利用、合理配置和有效保护，实现区域经济社会和生态的可持续发展。节水型社会的根本标志是人与自然和谐相处，它体现了人类发展的现代理念，代表着高度的社会文明，也是现代化的重要标志。节水型社会包含三重相互联系的特征：效率、效益和可持续。效率是降低单位实物产出的水资源消耗量；效益是提高单位水资源消耗的价值量；可持续是水资源利用不以牺牲生态环境为代价。建设节水型社会是解决我国缺水问题最根本、最有效的战略举措。通过建设节水型社会，使资源利用效率得到提高，生态环境得到改善，可持续发展能力不断增强。

4. 保护水环境

（1）重点保护饮用水水源，严防污染

第一，对作为城市饮用水水源的地下水及输水河道，应分级划定水源保护区。在一级保护区内，不得建设污染环境的工矿企业、设置污水排放口、开辟旅游点以及进行任何有污染的活动。在二级保护区内，所有污水排放都要严格执行国家和地方规定的污染物排放标准和水体环境质量标准，以保证保护区内的水体不受污染。

第二，健全饮用水水源水环境监控制度，定期发布饮用水水源地水质监测信息。

第三，制定饮用水水源地水质达标实施方案。

第四，建立城市饮用水水源污染应急预案。对威胁饮用水水源地安全的重点污染源要逐一建立应急预案，建立饮用水水源的污染来源预警、水质安全应急处理和水厂应急处理三位一体的饮用水水源应急保障体系。

第五，以地下水为生活饮用水源的地区，在集中开采地下水的水源地、井群区和地下水的直接补给区，应根据水文地质条件划定地下水源保护区。在保护区内禁止排放废水、堆放废渣、垃圾和进行污水灌溉，并加强水土保持和植树造林，以增加和调节地下水的补给。

第六，防治地下水污染应以预防为主。在地下水水源地的径流、补给和排泄区应建立地下水动态监测网，对地下水的水质进行长期连续监测，对地下水的水位、水量应进行定期监测，准确掌握水质的变化状况，以便及时采取措施，消除可能造成水质恶化的因素。对地下水质具有潜在危害的工业区应加强监测。对于地下水受到污染的地区，应认真查明环境水文地质条件，确定污染的来源及污染途径，及时采取控制污染的措施与治理对策（如消除污染源、切断污染途径、人工回灌、限制或禁止开采、污染含水层的物化与生物治理等）。防止过量开采地下水，已形成地下水降落漏斗的地区，特别是深层地下水降落漏斗地区及海水入侵、地面沉降、岩溶塌陷等地区，应严格控制或禁止开采地下水，支持和鼓励有条件的地区利用拦蓄的地表水或其他清洁水进行人工回灌，以调蓄地下水资源。

（2）加强统一领导，落实目标责任

加强统一领导，落实目标责任，制定可操作性强的流域、区域的水质管理规划，并将其纳入社会经济发展规划。要想实现流域水资源可持续利用，必须走市场经济为主、计划为辅的道路，其前提是必须做到以下几点。

第一，落实各级政府的环境保护目标责任制。

第二，加强部门协调，确保政府规划落实。

第三，依法建立排污单位环境责任追究制度。政府在制定水质管理规划时，对水量和水质必须统筹考虑，应根据流域、区域内的经济发展、工业布局、人口增长、水体级别、污染物排放量、污染源治理、城市污水处理厂建设、水体自净能力等因素，采用系统分析方法，确定出优化方案。

第四，水污染综合防治是流域、区域总体开发规划的组成部分。水资源的开发利用，要按照"合理开发、综合利用、积极保护、科学管理"的原则，对地表水、地下水和污水再生回用统筹考虑，合理分配和长期有效地利用水资源。

第五，区域水污染的综合防治，应逐步实行污染物总量控制制度。对区内的城市或地区，应根据污染源构成特点，结合水体功能和水质等级，确定污染物的允许负荷和主要污染物的总量控制目标，并将需要削减的污染物总量分配到各个城市和地区进行控制。

第六，流域内要强化工业污染防治，杜绝重大污染事故。即做到限期治理重点工业污染源；严格执行环保准入制度；积极推进清洁生产；严格实施主要污染物堆放总量控制制度；加强对重点工业污染源的监管。

第七，加快污水处理设施建设，控制城市污染。污水处理设施建设要按照"集中处理为主，集中和分散相结合"的原则优化布局，采用先进的处理工艺与技术，合理确定处理规模；加强污水处理设施配套工程，加强污水处理费征收；加强城市污水处理工程建设与运营监管。

第八，根据水体的功能要求，划定岸边水域保护区，规定相应的水质标准，在保护区内必须限制污水排放量。落实国家优化开发、重点开发、限制开发、禁止开发的空间功能布局要求，确定不同地区的发展方向和功能定位，从区域布局上统筹协调流域经济发展和水环境保护工作；沿江发展条件较好的优化或重点开发区域要依据水环境容量合理确定城镇规模，优化产业结构，实行严格的建设项目环境准入制度，加快产业和产品的升级换代，率先实现总量削减，改善城市水环境质量；流域干支流源头、水源涵养区和集中式水水源地保护区等禁止开发或限制开发区域要重点做好水源涵养、水土保持、自然资源保护等工作，实施水源涵养林保育和水土保持相结合的综合治理工程，严格控制在饮用水水源地等环境敏感区域发展畜禽养殖和水产养殖等活动。

第九，加强科学研究，提供决策支持。加强社会经济发展与水环境保护综合研究，为水污染防治和水环境保护提供决策支持。依靠科技防控突发性水环境污染事件，实现污染防控工作的科学化和规范化。

目前，人们已经清楚地认识到传统的经济增长模式是以牺牲资源和环境为代价的，其正在削弱人类赖以生存的资源和环境基础。因此，人类必须寻求新的发展模式。可持续发展思想的产生是人类发展观的质的飞跃，可持续发展的提出为人类解决性质发展模式造成的资源浪费与匮乏、环境恶化、生态失衡等一系列全球性危机，为人类走出困境提供了一种新的发展模式。水资源可持续开发利用是流域社会经济可持续发展不可分割的组成部分，只有实现社会经济和资源环境的协同发展，才能保障水体的治理成效。

（3）综合开发地下水和地表水资源

地下水和地表水都参与水文循环，在自然条件下相互转化。但是过去在评价一个地区的水资源时，往往分别计算地表径流量和地下径流量，以二者之和作为该地区水资源的总量，造成了水量计算上的重复。据苏联 H.H. 宾杰曼的资料，由于这种转化关系，在一个地区开采地下水可以使该地区的河流径流量减少20%~30%。所以只有综合开发地下水和地表水，实现联合调度，才能合理而充分地利用水资源。

地下水资源的可持续利用战略必须遵循地下水资源本身的客观规律，在查明含水层系统的地质结构、富水性、地下水补给、径流、排泄条件、动态变化和水化学变化以及开采约束条件的基础上，科学地确定地下水在永续利用和环境的永续优化条件下的开采地段、开采层位和开采量。从供水角度看，地下水是流域城镇地区和农村居民饮水的主要水源，应充分发挥地下水的优势，把有限的地下水资源纳入合理开发、科学管理的轨道，确保地下水资源的持续利用。具体措施如下。

一是加强地下水水源地储备，从无序应急供水向有序应急供水转变。

二是改善地下水缺乏地区群众生产生活用水条件，实施扶贫找水工程。

三是坚持开发利用与保护相结合，建立地下水资源保护带，加强地下水环境动态监测防止地下水污染，建立并完善地下水资源信息系统。

四是普及有关城市地下水资源的知识，加强城市地下水资源的管理工作，建立城市地下水资源的可持续利用的科学系统和群众基础。

五是调整产业结构，合理配置地下水资源，以经济手段为杠杆，辅以行政手段，对各地区的地下水资源进行有效控制。

六是加强灌溉区地下水资源的评价与预测工作，灌溉区地下水参与水循环积极，是个动态资源，应进行实时预报并实施有关的生态工程。

七是调整开采布局，扩大咸水改造和利用，逐步实施深层含水层的恢复工程。实行地表水与地下水的联合运用。地下水与地表水的联合动用就是两者之间有机规划与协调利用，既要考虑到它们之间的不同特性，又要考虑到它们的相互依赖性。实现地下水与地表水统一管理、优化调度，必须以开发利用地下水为基础，以地表水为补充，把浅层地下水的地层空间作为调节大气降水、地表水、地下水的地下水库，把地下水埋深临界动态作为调控指标，才能最大限度地把天然降水转化为能利用的水资源，达到拦蓄地表径流的目的。同时对大气降水要以各种形式进行蓄积，如旱井工程等，充分利用雨水资源，使地表水资源能够发挥其综合效益，以减轻地下水的开采压力，从而达到涵养水源的目的。

（4）实现污水资源化

污水是一种不可忽视的潜在资源，应加大投入，提高其利用价值，既能减少地表水用水的压力，又能减轻对地下水的污染。目前，世界上很多国家已经将污水资源化，如以色列的生活污水回用率几乎高达100%，城市废水回用率为72%。污水的回用分为自接回用和间接回用。自接回用一般将适当处理的水，不经过天然水体缓冲、净化，自接用于灌溉、工业生产、水产养殖、市政、景观娱乐和生活杂用等。间接回用，即将适当处理的污水或废水有计划地经过天然缓冲、自然净化、人工回灌等使废水再生。间接回用一般需要经历较长时间，需要较大的空间和环境容量，但其费用相比自来水仍然较低。自接回用最典型例子是"中水"的利用。

5. 完善水务一体化管理体制

（1）传统管理体制的弊端

传统的水管理体制是将城市与农村、地表与地下、工业与农业、水量与水质、供水与排水、用水与节水、污水处理与回用等许多涉水管理职能，分别由多个部门负责，实行多部门分割管理。

水资源的分割管理体制，在一定时期内，在特定的社会经济条件下的确发挥过积极作用。

但是，随着社会经济的发展、科学技术的进步，人类改造自然界力量的不断增强，需水量增加的同时，排污量也增加，对水的影响越来越大，从而引起了水资源供需矛盾，并造成了水资源不同程度的破坏。传统水资源分割管理体制的弊端越来越显露出来，具体表现在以下几点：一是水资源是一个有机整体，分割管理难以实现水资源的综合规划、合理配置、统一监管和有效保护。各部门在开发利用水资源过程中，经常会主动或被动地违背水资源良性循环的自然规律，造成对水资源的人为破坏。二是难以解决供用水矛盾。水资源城乡分割管理，使城外的水源建设与城区的供水脱节。三是不利于进行水资源管理与保护。水量与水质、地表水与地下水分割管理，人为地将地表水与地下水、水量和水质分割开来，造成了水资源管理与保护工作的片面性和不完整性。四是难以建立科学合理的水价格体系。由于多部门分割管理，难以按照市场经济原则建立起取水、供水、排水、污水处理回用等统一的、合理的水价格体系，无法发挥水价的经济杠杆调节作用，来制止水资源的浪费和污染以及进行水资源的优化配置。

（2）建立水务一体化管理体制

目前，水务一体化管理体制在国际上是一种大趋势，已被证实是一种有效保护、合理利用水资源的先进管理模式。实行水务一体化管理即组建水务局，对城乡的防洪、除涝、蓄水、供水、节水、排水、水域管理、水土保持生态建设、水能开发利用、污水处理回用和水资源保护、地下水回灌等涉水事务实行统一规划、统一管理、统一调度、统一保护，以实现水资源的供需平衡、合理开发和优化配置，防止水污染、水浪费和水生态环境遭到破坏。水务一体化管理体制的目的是实现水资源的优化配置，发挥水资源的最大效益，以水资源的可持续利用来支撑和保障社会经济的可持续发展。

水务一体化管理体制的建立，实现了由农业水利向现代水务管理的转变，强化了对全社会涉水事务的统一管理，有利于水资源的综合规划、优化配置和统筹安排，有利于兼顾生活、生产、生态和环境用水，有利于水源、水厂、管网、排水、污水处理与回用的协调建设和一体化管理。建立水务一体化管理体制，为水资源的可持续利用提供了体制上和组织上的保障。

6.调整产业结构及发展模式

（1）调整产业结构及发展模式

按照以水定供、以供定需的原则，考虑当地水资源承载力调整产业结构和工业布局。缺水地区应对新上高耗水、高污染的工业项目严格把关，避免造成当地水资源的过度开发，鼓励发展用水效率高的高新技术产业，同时加大对现有技术和工业进行改造提高；水资源丰沛地区高用水行业的企业布局和生产规模要与当地水资源、水环境相协调；严格禁止淘汰的高耗水工艺和设备重新进入生产领域。

（2）开源与调整产业布局

根据水资源承载能力确定合理的工业、城市及灌溉用水，扩大发展规模和产业，协调好生活、生产、生态用水关系，形成与经济发展相适应的水资源合理配置格局。

（3）实施调水工程

对区域水资源不能维持生态平衡的地区，其水资源短缺与失衡问题，当前主要还是依靠调水来解决。由于调水对于调出和调入地区的生态平衡都有较大影响，从而对调水方案必须从长计议、科学论证、周密计划。

要全面落实最严格的水资源管理制度，抓紧建立和完善水资源开发利用、水功能区限制纳污、用水效率控制等指标体系，健全相关政策法规，切实强化取水许可、水资源论证、节水考核、入河排污口设置、水域岸线利用、河道采砂、水工程建设等方面的管理和执法监督，充分发挥水资源要素在转变经济发展方式中的基础性和导向性作用。要通过合理开发、高效利用、综合治理、优化配置、全面节约、有效保护和科学管理水资源，着力解决水资源过度开发、粗放利用、严重浪费等问题，加快实现从供水管理向需水管理的转变，促进经济社会发展与水资源和水环境承载能力相适应、相协调，推动经济结构调整，加快经济发展方式转变，实现以水资源的可持续利用支撑和保障经济社会的可持续发展。

7.其他策略

（1）建立完善的防洪减灾安全保障体系

洪水威胁和地震、战争一样，是国际公认的国家安全问题。要确保重要城市和重点地区的防洪安全，保证使长江、黄河等七大江河中下游干流及重要支流达到国家规定的防洪标准，特大城市应能够防御百年以上洪水。要继续建设一批防洪控制性枢纽，初步完成重点蓄滞洪区的安全建设，抓紧进行病险水库的除险加固工程，基本消除其隐患。在全国建立防洪保险、救灾及灾后重建机制。建立现代化的防洪减灾信息技术体系和防汛抢险专业队伍。

（2）建立水资源供需保障体系

水资源供需失衡是资源配置问题。水资源的供应包括空中水、地表水、地下水、污水资源化、工业用水、农业用水、生活用水，维护水体自净能力的环境用水和维持生态平衡的生态用水。开源节流，合理开发高效利用和优化配置水资源，调整产业结构布局与经济结构，有限满足生活用水，基本保障国民经济发展用水，逐步改善生态用水，实施"南水北调"工程，解决华北地区的水资源供需矛盾。在积极开源的同时，大力推行节约用水。要把节水灌溉作为一项革命性措施来抓，在保证农业灌溉用水总量基本稳定的前提下，通过采取各种节水措施，确保工农业和生活用水，促进工农业生产的发展。

（3）建立维护生态环境安全的水利保障体系

协调生产、生活和生态用水，采取切实可行的措施保证生态脆弱地区的生态环境用水，必须对现有的污染进行治理，在治理污水时应该对经济和技术处于不同发展阶段的地区采取不同的对策。按"谁污染、谁付费"的原则，收支两条线，专款专用，治理生态环境污染。搞好小流域综合治理，防止水流失，加强水资源保护，搞好城市河湖水系的综合治理，为广大人民提供优美的水环境。

（4）加强对水资源的管理

根据水资源自身的特性和国际管理经验，必须强化国家对水资源的权属管理，对水的问题要以流域为单位，进行统一调度、统一管理。制定规划，建立权威、高效、协调的流域管理体制。同时，对城乡防洪、排涝、蓄水、供水、用水、节水、污水处理及回用、地下水回灌等涉水事务，也必须统筹考虑，积极研究和推进区域水资源统一管理的体制。

（5）制定有关法规，依法合理开发利用水资源

应以流域内水生态系统特点制定有关具体法规，依法对水资源的开发、利用、节约和保护进行统一管理。做到合理开发、科学利用、厉行节约，全面保护。有

关部门之间要进行合理的分工，明确责任，形成合力，针对水资源问题，采取切实可行的措施，确保水资源可持续利用。

（6）加强科技创新，推进水业现代化进程

科学技术是解决水资源问题的关键，解决水资源问题既是高新技术最难应用的领域，同时也是最需要高新技术的领域。在水资源的水文监测、评价、规划、管理、开发、利用、节约、保护和防洪等方面，要大力推广新材料和高新技术手段的运用，注重信息技术手段的充分利用，着力实施信息化治水和高科技治水。

参考文献

[1] 达瓦次仁，江玉吉，杨溯 . 水文水资源科技与管理研究 [M]. 长春：吉林科学技术出版社，2022.

[2] 李振，任红，陈向前 . 水文水资源技术与水利工程技术研究 [M]. 哈尔滨：哈尔滨地图出版社，2022.

[3] 韩梅，朱祥，王桂花 . 现代水文水资源与河流污染治理研究 [M]. 长春：吉林人民出版社，2022.

[4] 陈云，陈熙，张利敏 . 水文与水资源勘测研究和节约合理利用水资源 [M]. 长春：吉林科学技术出版社，2022.

[5] 游进军，蒋云钟，杨朝晖，等 . 水资源配置安全保障战略研究 [M]. 北京：科学出版社，2022.

[6] 王建华，王庆明，翟家齐，等 . 区域水资源系统临界特征值识别与综合调控技术 [M]. 北京：科学出版社，2022.

[7] 雷晓辉，胡建永，何中政 . 水资源规划及利用 [M]. 北京：中国水利水电出版社，2022.

[8] 顾大钊 . 我国矿井水保护利用战略与工程科技 [M]. 北京：科学出版社，2022.

[9] 陈丰仓，孔桂芹，沙福建 . 水文水资源与水工环地质勘查 [M]. 汕头：汕头大学出版社，2021.

[10] 刘红波，高海燕，徐兴东 . 水文水资源技术与管理研究 [M]. 长春：吉林科学技术出版社，2021.

[11] 马小斌，刘芳芳，郑艳军 . 水利水电工程与水文水资源开发利用研究 [M]. 北京：中国华侨出版社，2021.

[12] 陈卫芳，张雨，张冬，等 . 黄河水文水资源综合管理实践研究 [M]. 天津：天津科学技术出版社有限公司，2021.

[13] 贾仰文，牛存稳，仇亚琴，等 . 多尺度山地水文过程与水资源效应 [M]. 北京：

中国水利水电出版社，2021.

[14] 徐高洪，徐长江，邵骏，等.长江流域水资源及水文情势变化研究 [M].武汉：长江出版社，2019.

[15] 李合海，郭小东，杨慧玲.水土保持与水资源保护 [M].长春：吉林科学技术出版社，2021.

[16] 沈连起，李成光，田婵娟，等.滨海区水资源保护与综合治理 [M].郑州：黄河水利出版社，2021.

[17] 英爱文，章树安，孙龙.水文水资源监测与评价应用技术论文集 [C].南京：河海大学出版社，2020.

[18] 孙秀玲，王立萍，娄山崇，等.水资源利用与保护 [M].北京：中国建材工业出版社，2020.

[19] 李广贺，等.水资源利用与保护（第四版）[M].北京：中国建筑工业出版社，2020.

[20] 傅国圣.水文水资源技术与管理研究 [M].延吉：延边大学出版社，2019.

[21] 潘奎生，丁长春.水资源保护与管理 [M].长春：吉林科学技术出版社，2019.

[22] 李泰儒.水资源保护与管理研究 [M].长春：吉林大学出版社，2019.

[23] 杨波.水环境水资源保护及水污染治理技术研究 [M].北京：中国大地出版社，2019.

[24] 刘景才，赵晓光，李璇.水资源开发与水利工程建设 [M].长春：吉林科学技术出版社，2019.

[25] 李晓宇，牛茂苍，胡著翱，等.内陆行政区水资源配置案例研究 [M].郑州：黄河水利出版社，2019.

[26] 聂芳容，范金星，沈新平，等.长江生态保护及洪水资源利用 [M].西安：陕西科学技术出版社，2019.